DIE RECHENMASCHINEN

UND DAS

MASCHINENRECHNEN

VON

Dipl.-Ing. LENZ

OBERREGIERUNGSRAT UND MITGLIED
DES REICHSPATENTAMTES

ZWEITE AUFLAGE

MIT 42 ABBILDUNGEN
IM TEXT

SPRINGER FACHMEDIEN WIESBADEN GMBH 1924

ISBN 978-3-663-15504-1   ISBN 978-3-663-16076-2 (eBook)
DOI 10.1007/978-3-663-16076-2

SCHUTZFORMEL FÜR DIE VEREINIGTEN STAATEN VON AMERIKA:
COPYRIGHT 1924 BY SPRINGER FACHMEDIEN WIESBADEN
URSPRÜNGLICH ERSCHIENEN BEI B G. TEUBNER IN LEIPZIG 1924

VORWORT

In der vorliegenden zweiten Auflage meines Buches sind die wichtigsten Änderungen, die seit dem Erscheinen der ersten Auflage im Rechenmaschinenwesen eingetreten sind, berücksichtigt worden. Im übrigen ist in der Gesamtanlage nichts geändert worden. Das Buch ist nicht für Fachleute bestimmt, sondern wendet sich an solche Leser, die sich ohne eingehenderes Studium über die auf den Markt gebrachten Rechenmaschinensysteme und ihre Eigenschaften, insbesondere auch über ihre Eignung für die verschiedenen Arten der Rechnung unterrichten wollen. Aus diesem Grunde ist von einer technisch-wissenschaftlichen Art der Darstellung abgesehen und der Hauptwert auf Allgemeinverständlichkeit gelegt worden. Zur Klarstellung des Arbeitsvorganges der Rechenmaschinen ist durchweg das Zahlenbeispiel herangezogen worden. Die Abbildungen sind, soweit sie nicht Wiedergaben von Photographien sind, schematische Zeichnungen. Diese stimmen mit der tatsächlichen Ausführung der Maschinen nicht immer in allen Teilen überein, sondern sind im Interesse der Klarheit vereinfacht worden.

Hiernach konnte eine im Sinne des Fachmannes erschöpfende Darstellung nicht in Frage kommen, vielmehr kam es hauptsächlich darauf an, die Grundbegriffe des Rechenmaschinenwesens für den Laien klarzustellen. Deshalb konnten auch nur einige von den zahlreichen auf den Markt gebrachten Maschinen eingehender besprochen werden. Die hierbei getroffene Auswahl ist selbstverständlich nur von dem Gesichtspunkte aus erfolgt, die einzelnen Maschinensysteme durch ein Ausführungsbeispiel besser zu veranschaulichen. Es ist nicht beabsichtigt, die besprochenen Maschinen besonders zu empfehlen.

Berlin, Oktober 1923.

Der Verfasser.

INHALTSVERZEICHNIS

EINLEITUNG

„Die Zahlen regieren die Welt" sagte im Altertum ein griechischer Philosoph. Man wird ihm, wenngleich in anderem Sinne, auch heute noch beistimmen können. Die Zahlen regieren die Menschheit mehr denn je, und ein großer Teil der geistigen Arbeiter hat unter ihrem Regiment arg zu leiden.

Der Kaufmann mußte zwar zu allen Zeiten rechnen, aber sicherlich hat er niemals ein so erdrückendes Zahlenmaterial zu bewältigen brauchen, wie es heute täglich in einem modernen Kaufhause oder Bankhause zu verrechnen ist. Der Ingenieur, der Architekt muß heute mehr als früher rechnen. Ehemals entwarf und dimensionierte er vieles „nach dem Gefühl", was bei dem jetzigen Stande der technischen Wissenschaften der Rechnung zugänglich ist und nach mehr oder weniger komplizierten Formeln berechnet werden muß. Eine erstaunliche Rechenarbeit wird auch bei vielen Behörden und Privatanstalten geleistet. Es sei nur erinnert an die statistischen Ämter, die Vermessungsbehörden, die Steuerbüros des Staates und der Gemeinden, die Postämter (für den Geldverkehr), die Versicherungsanstalten aller Art, die Spar- und Genossenschaftskassen, die Bauämter. Welches Übermaß des Rechenwesens heute jedem geschäftlichen Betriebe, selbst dem kleinsten, bei der Aufstellung der Lohnlisten, der Steuerabzüge, der Krankenkassenbeiträge, bei den Währungsumrechnungen usw. aufgebürdet ist, ist so bekannt, daß es eines Hinweises darauf eigentlich nicht bedarf.

Bei diesem ungeheuren Anschwellen der Rechenarbeit kann es nicht wundernehmen, daß eine früher wenig beachtete Maschine, die Rechenmaschine, die Schwester der Schreibmaschine, in den letzten Jahrzehnten ihren Siegeslauf durch alle Büros angetreten hat und heute vielfach schon auf dem Schreibtisch des Handwerkers anzutreffen ist. Ähnelt sie doch in ihren Vorzügen ganz der Schreibmaschine. Gleich dieser gewährleistet sie größere Schnelligkeit und Präzision der Arbeit. Aber in noch höherem Maße als die Schreibmaschine schont sie auch die Nerven- und Arbeitskraft ihres Besitzers. Es unterliegt wohl keinem Zweifel, daß kaum eine andere geistige Arbeit auf die Dauer ermüdender und langweiliger ist als ein stundenlanges Rechnen. Diese

Arbeit wird durch die Rechenmaschine wesentlich erleichtert. Es bedarf nur der Einstellung der Rechnungszahlen; die Ausrechnung des Resultates besorgt die Maschine. An Stelle der sehr ermüdenden Kopfarbeit tritt also eine mehr mechanische, leichtere Handarbeit.

Spielt bei Privatleuten und kleineren Büros die Erleichterung der Rechenarbeit und Schonung der geistigen Spannkraft die Hauptrolle, so kommt für alle größeren Büros, in denen andauernd oder sehr häufig zu rechnen ist, die Ersparnis an Zeit und Arbeitskräften in Betracht. Die durch die Einführung der Rechenmaschine bewirkte Ersparnis an Personal gleicht in der Regel die Anschaffungskosten einer guten und leistungsfähigen Rechenmaschine in kurzer Zeit wieder aus. Im Interesse der Geschäftswelt selbst wäre daher eine größere Verbreitung der Rechenmaschine zu wünschen.

Der Rechenmaschinenbau hat bei dieser Sachlage einen ungeahnten Aufschwung genommen. Es bestehen allein in Deutschland etwa zwanzig größere und kleinere Betriebe, die zum Teil ausschließlich Rechenmaschinen herstellen. Einige dieser Fabriken beschäftigen mehrere Hunderte von Arbeitern in der Rechenmaschinenfabrikation. Die größte Firma bringt jährlich viele Tausende von Maschinen auf den Markt.

Wie schon angedeutet, hat die Rechenmaschine früher nicht die erforderliche Beachtung gefunden. Sie ist schon lange dagewesen, auch vereinzelt benutzt worden und ist eigentlich die ältere Schwester der Schreibmaschine. Im Gegensatz zu dieser letzteren und zu den meisten in der Gegenwart benutzten Maschinen kann sie auf ein ziemlich ehrwürdiges Alter und auf eine mehrhundertjährige Entwicklung zurückblicken. Der allgemeinen Annahme nach konstruierte der französische Mathematiker Pascal um das Jahr 1642 die erste Addiermaschine. Aber schon vor ihm waren mechanische Hilfsmittel zur Unterstützung beim Rechnen allgemein im Gebrauch, wie denn auch heute noch außer den komplizierten und darum teuren Rechenmaschinen hin und wieder einfachere und billigere Rechenvorrichtungen auf den Markt gebracht werden, die natürlich auch entsprechend weniger leistungsfähig sind. Diese sollen zunächst der Vollständigkeit wegen kurz besprochen werden. Daran schließt sich dann die Besprechung der Addier- und Rechenmaschinen und schließlich diejenige der Schreibmaschinen mit Rechenvorrichtung (der kombinierten Schreib- und Rechenmaschinen).

Vor der Besprechung muß darauf hingewiesen werden, daß die Rechenmaschine nicht für Leute bestimmt ist, die überhaupt nicht rechnen können, ebensowenig wie die Schreibmaschine für solche bestimmt ist, die einen Brief nicht richtig zu schreiben verstehen. Sie kann niemals den Geist des Menschen ersetzen, sondern ist ebenso wie die Schreibmaschine nur ein mechanisches Hilfsmittel. Der Ansatz der Rechnung und das richtige Einstellen der Faktoren der Rechnung auf der Maschine werden stets die Aufmerksamkeit und die geistige Mitarbeit des Rechners erfordern. Die Rechenmaschine besorgt lediglich den mechanischen Teil der Rechenarbeit, d. h. also das richtige Addieren, Multiplizieren usw. der eingestellten Zahlen. Sie befreit den geistigen Arbeiter von dieser mechanischen „Handlangertätigkeit".

I. DIE RECHENVORRICHTUNGEN

1. DIE RECHENVORRICHTUNGEN FÜR DIE ADDITION UND SUBTRAKTION

Das einfachste, stets zur Verfügung stehende Rechenhilfsmittel ist die menschliche Hand. Alle auf niederer Kulturstufe stehenden Völkerschaften benutzen die zehn Finger als natürlichstes Hilfsmittel beim Zählen. Welche Rolle das Rechnen mit der Hand in den Anfängen der Kultur gespielt hat, erhellt am besten daraus, daß fast bei allen Völkern die Zahl 10 als Grundzahl des Zahlensystems angenommen worden ist. Die Benutzung der Hand beim Rechnen ist allerdings nur angebracht, wenn es sich um ganz kleine Zahlen handelt. Will man mit größeren Zahlen rechnen, so behilft man sich mit kleinen Steinchen, Getreidekörnern oder ähnlichen Zählkörpern. Angenommen man habe die Zahlen 14 und 8 zu addieren. Dann werden zunächst 14 und 8 Steinchen besonders abgezählt. Alsdann wird die Gesamtzahl der Steinchen abgezählt, wobei man ohne weiteres die Summe der beiden Zahlen erhält. Auch Multiplikationen lassen sich in entsprechender Weise ausführen; die Multiplikation ist ja nichts weiter als eine wiederholte Addition. In dieser Weise rechnen noch heute die Neger der afrikanischen Trägerkarawanen, um zu kontrollieren, ob die ihnen zustehende Bezahlung richtig berechnet ist Haben sie z. B. je 8 Münzeinheiten für 22 Tage zu fordern, so legen sie 22 mal je 8 Steinchen in Reihen nebeneinander hin, zählen die Gesamtzahl ab und erhalten so das Produkt. Abzüge vom Lohn, d. h. also Subtraktionen, werden durch Fortnehmen der entsprechenden Anzahl von Steinen ausgeführt. Wir haben in dieser primitiven Rechenweise ohne Zweifel die ursprünglichste Rechenmethode vor uns. Erst verhältnismäßig spät ist die Menschheit dazu übergegangen, im Kopfe zu rechnen.

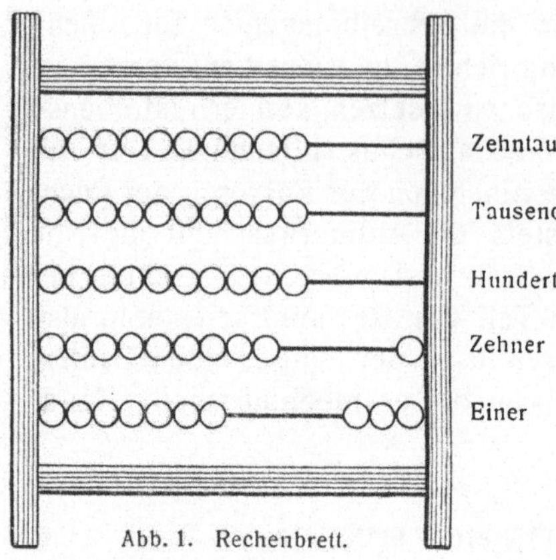

Abb. 1. Rechenbrett.

Das Rechenbrett. Die alten Römer und Griechen lernten in den Schulen die Benutzung des Rechenbrettes. Derartige Rechenbretter sind auch in der Gegenwart noch in Gebrauch. Wir finden sie in voneinander etwas abweichenden Ausführungen in China, in Japan und sogar noch in Rußland auf dem Ladentisch des Kaufmannes. Die Anordnung des Rechenbrettes entspricht im wesentlichen derjenigen der wohlbekannten Rechenvorrichtungen mit reihenweise auf Drähten aufgeschobenen Knöpfen, die bei uns in den Grundklassen der Schulen zur Veranschaulichung der Rechenoperation benutzt werden (Abb. 1).

Beim Rechenbrette werden die Zahlen ebenfalls durch Zählkörper dargestellt, gewöhnlich durch in Rillen verschiebbare Plättchen oder auf Drähten verschiebbare Knöpfe. Aber ein großer Fortschritt ist gegenüber der oben besprochenen Rechenmethode der Neger zu erkennen: die Einführung des dekadischen Zahlensystems. Dieses System beruht bekanntlich darauf, daß die einzelnen Ziffern einer Zahl einen verschiedenen Wert besitzen, je nach der Stelle, an welcher sie innerhalb der Zahl stehen. In der Zahl 253 z. B. bedeutet die Ziffer 3 drei Einheiten, die Ziffer 5 aber fünf Zehner, d. h. 50 Einheiten, und die Ziffer 2 zwei Hunderter, d. h. 200 Einheiten. Durch diese Zerlegung der Zahl in einzelne Zahlen- oder Dezimalstellen ist es möglich geworden, die größten Zahlen mit wenigen Knöpfen darzustellen. Die Knöpfe sind zu je 10 Stück nebeneinander auf einzelnen Drähten aufgereiht, die in einem Rahmen eingespannt sind. Die erste rechtsliegende Reihe bedeutet die Einer, die zweite die Zehner usw. (Abb. 1).

Die Art der Benutzung ergibt sich hiernach von selbst. Angenommen, es seien die Zahlen 13 und 25 zu addieren. Man stellt zunächst den ersten Posten 13 ein, indem man in der Zehnerreihe 1 und in der Einerreihe 3 Knöpfe abzählt und, wie in Abb. 1 dargestellt, nach hinten schiebt. In entsprechender Weise wird der zweite Posten 25 addiert, indem man von den übriggebliebenen Knöpfen in der Zehnerreihe 2 und in der Einerreihe 5 abzählt und zu den vorhin abgezählten nach hinten verschiebt. Man findet dann in der Zehnerreihe im ganzen 3 und in der Einerreihe 8 Knöpfe verschoben. Das Resultat ist also 38.

Hier tritt aber sofort eine Schwierigkeit auf, wenn die Zahl der Knöpfe in einer Reihe nicht ausreicht, also wenn ein Zehner auf die nächste Zahlenstelle nach links zu übertragen ist. Angenommen, man habe zu der Zahl 13 die Zahl 9 zu addieren. Nachdem man 13 wie vorhin eingestellt hat, hat man in der Einerstelle 9 Knöpfe abzuzählen. Es stehen aber, wie Abb. 1 zeigt, nur noch 7 Knöpfe zur Verfügung. Wenn man also 1, 2, 3, 4, 5, 6, 7 Knöpfe abgezählt hat, muß man alle 10 zurückgeschobenen Knöpfe wieder nach vorn schieben und dafür in der Zehnerstelle 1 Knopf nach hinten bringen. Alsdann erst zählt man in der Einerstelle 8, 9 weiter, verschiebt also dort noch 2 Knöpfe. Es stehen somit jetzt in der Zehnerstelle 2 und in der Einerstelle ebenfalls 2 Knöpfe in der hinteren Stellung, das Resultat ist 22. Jedenfalls ist also die Zehnerübertragung vom Rechner selbst durch Verschieben eines Knopfes in der nächst höheren Zahlenstelle vorzunehmen.

Der geübte Rechner benutzt allerlei Hilfsmethoden und kürzt das Verfahren dadurch wesentlich ab. Die Chinesen und Japaner rechnen infolgedessen mit erstaunlicher Fixigkeit auf ihrem Rechenbrett. Trotzdem liegen die Mängel eines derartigen Rechenapparates auf der Hand. Abgesehen von der umständlichen Art der Zehnerübertragung — ein praktisch brauchbarer Rechenapparat bedingt eine selbsttätige, ohne Zutun des Rechners vor sich gehende Zehnerübertragung — ist ja auch die Einstellung der zu addierenden Zahlen höchst unbequem, da sie das jedesmalige Abzählen der Knöpfe erfordert. Diese Einstellung soll natürlich ebenfalls möglichst mechanisch und ohne Inanspruchnahme der Aufmerksamkeit und geistigen Anspannung des Rechners erfolgen. Die Methode der Darstellung der Zahlen durch körperliche Gegenstände ist daher wenigstens bei uns heute allgemein verlassen.

Der Rechenschieber. Ein zweiter Weg bietet sich in der Darstellung der Zahleneinheiten durch Längenmaße. Man könnte ja zwei Zahlen, z. B. 8 und 6, addieren, indem man von einem Papierstreifen zunächst 8 und 6 cm getrennt abschneidet, dann die beiden Streifen aneinanderlegt und schließlich die Gesamtlänge = 14 cm abmißt. Sehr viel einfacher wird diese Art des Rechnens, wenn man sich zur Addition der Strecken zweier, gegeneinander verschiebbarer Maßstäbe aus Holz, Pappe oder dgl. bedient, wie sie in Abb. 2 dargestellt sind. Diese Abbildung zeigt die Einstellung für das oben angegebene Beispiel

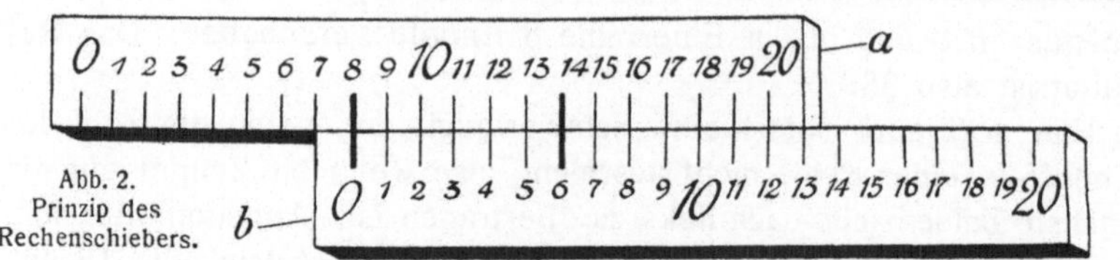

Abb. 2.
Prinzip des
Rechenschiebers.

8 + 6. Die Null des unteren Maßstabes *b* wird gegenüber der 8 des oberen Maßstabes *a* eingestellt; dann ist, wie ohne weiteres ersichtlich, gegenüber der 6 des unteren Maßstabes auf dem oberen die Summe 14 abzulesen.

Jedem Techniker ist diese Methode des mechanischen Rechnens bekannt. Es ist das Prinzip des Rechenschiebers. Der allgemein gebräuchliche Rechenschieber weist allerdings statt der gleichmäßig geteilten Skalen, wie sie Abb. 2 zeigt, logarithmisch geteilte Skalen auf. Er dient zur Multiplikation, nicht zur Addition.

Die Ablesung des Resultates bei dem in Abb. 2 dargestellten Rechenschieber ist nun nicht sehr bequem. Man kann sich auch leicht dabei versehen und eine falsche Zahl ablesen. Sehr viel bequemer und sicherer ist die Ablesung des Resultates durch die Einführung der Schauöffnung (des Schauloches, Schaufensters) geworden. Ein Rechenschieber mit Schaulochablesung ist in Abb. 3 dargestellt. Die Abbildung veranschaulicht zugleich das Prinzip der bei Addiervorrichtungen und Addiermaschinen einfachster Art gebräuchlichen Stifteinstellung. Wir sehen wieder den festen Zahlenschieber *a* und den beweglichen *b*, Abb. 3. Der feste Zahlenschieber aber ist zu einer Gehäusedecke geworden, unter deren Oberfläche der bewegliche Zahlenschieber *b* entlanggleiten kann. In der Zeichnung ist der bewegliche Schieber zum Teil durch die Gehäusedecke verdeckt, daher an diesen Stellen, wie im technischen Zeichnen üblich, punktiert gezeichnet. In der Gehäusedecke sind zwei Durchbrechungen vorgesehen, nämlich der längliche Einstellschlitz *c* und das kreisförmige Schauloch *d*. Der Schieber *b* ist mit Zahnlücken *e* versehen, je eine gegenüber jeder Zahl, in die ein spitzer Stift eingesetzt werden kann, um den Schieber *b* hin und her zu schieben. Auf der Oberseite des Schiebers *b* sind die

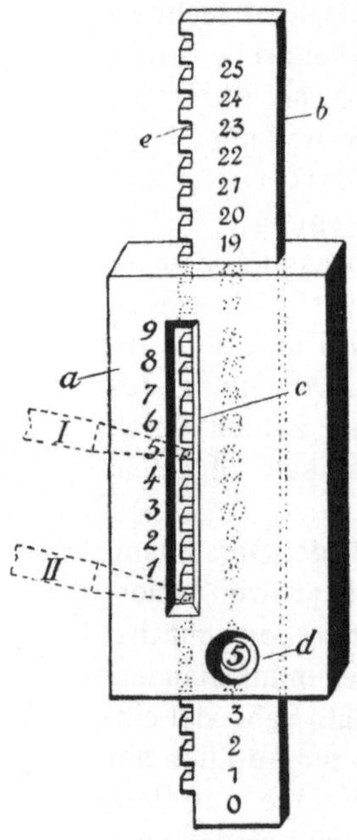

Abb. 3. Rechenschieber
mit Schauöffnung.

Zahlen von 0 bis 25 aufgetragen, von denen jeweils eine im Schauloche sichtbar ist.

Beim Beginn der Rechnung erscheint im Schauloche die Zahl 0. Will ich nun $5+3$ addieren, so setze ich zunächst den Stift in die der Zahl 5 der festen Skala *a* gegenüberliegende Zahnlücke im Schlitze *c* ein (Lage I in Abb. 3) und ziehe ihn unter Mitnahme des Schiebers *b* solange nach unten, bis er an die untere Begrenzung des Schlitzes anstößt (Lage II). Alsdann ist in dem Schauloche *d*, da sich der Schieber um 5 Längeneinheiten nach unten bewegt hat, die Zahl 5 statt der 0 erschienen (Abb. 3). In der gleichen Weise wird die Zahl 3 eingeführt, indem man den Stift bei der Zahl 3 einsetzt und nach unten zieht, worauf im Schauloche statt der Zahl 5 das Resultat 8 zum Vorschein kommt.

Die Rechenscheibe. Unser Rechenschieber rechnet bis zur Zahl 25. Wir sehen, daß wir zu einem sehr langen Schieber, also zu einem recht unhandlichen Apparat gelangen würden, wenn wir mit einigermaßen großen Zahlen, etwa nur bis 100, rechnen wollten. Zur Verringerung der Abmessungen bieten sich zwei verschiedene Wege. Das erste Mittel besteht darin, daß man die Ziffern der beiden gegeneinander verschiebbaren Körper in einem Kreise statt in einer geraden Linie anordnet. Man gelangt damit zur Rechenscheibe. Eine Rechenscheibe einfachster Art ist in Abb. 4 dargestellt. Das Deckblech ist teilweise abgebrochen gezeichnet, um die darunterliegende Scheibe besser zu veranschaulichen.

Wir sehen wieder die feste Einstellskala *a*, von 1 bis 99 laufend auf dem festen Gehäuse aufgetragen, und zwar am Rande eines kreisförmigen Ausschnittes des Deckbleches. Die bewegliche Skala, von 00 bis 99 laufend, ist am Rande der um

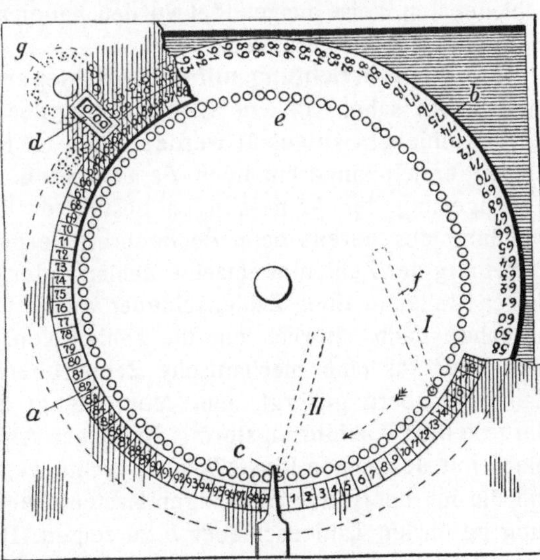

Abb. 4. Rechenscheibe.

einen Mittelzapfen drehbaren Kreisscheibe *b* angeordnet. *d* ist das Schauloch, unter welchem in der Zeichnung die Zahlen 00 der Scheibe erscheinen. Den Zahnlücken *e* der Abb. 3 entsprechen die kreisförmigen Vertiefungen *e*. Will man nun z. B. die Zahl 15 addieren, so setzt man den Rechenstift *f*, wie in der Zeichnung angedeutet (Lage I), in die der Einstellzahl 15 gegenüberliegende Vertiefung ein und führt ihn rechts herum in der Pfeilrichtung bis zum Anschlagen an die feste Zunge *c* (Lage II). In der Schauöffnung *d* erscheinen dann an Stelle der Ziffern 00 die Ziffern 15.

Die einfache Rechenscheibe würde bis zur Zahl 99 rechnen. Um den Zahlenbereich zu vergrößern, ist vielfach noch eine zweite Zahlenscheibe *g* hinzugefügt, deren Zahlen, von 0 bis 9 laufend, sich ebenfalls unter dem Schauloche *d* vorbeibewegen. Ein (in der Zeichnung fortgelassener) vorstehender Zahn der großen Zahlenscheibe *b* greift, wenn diese Scheibe sich einmal ganz herumgedreht hat, in ein mit der kleinen Zahlenscheibe verbundenes Zahnrad ein und dreht diese Scheibe um 1 Zahn weiter. Es erscheint dann also im Schauloche statt der Zahl 099 die Zahl 100. Man sieht, daß der Zahlenbereich oder die Kapazität der Rechenvorrichtung bis 999 erhöht ist. Wir nähern uns mit dieser Ausführungsform bereits stark den einfachen Addiermaschinen, wie sie z. B. in den Abb. 11 und 12 dargestellt sind. Die Rechenscheibe und der Rechenschieber sind in der verschiedensten Weise ausgebildet worden, haben aber eine nennenswerte Verbreitung nicht gefunden.

Die Addiervorrichtung mit Zahlenschiebern. Die Rechenscheibe, die, wie wir sahen, als eine Weiterbildung des in Abb. 3 dargestellen Rechenschiebers aufgefaßt werden kann, ist für ihren beschränkten Zahlenbereich immerhin noch ziemlich groß. Das zweite Mittel zur Verringerung der Abmessungen besteht darin, daß man unter Anwendung des bereits beim Rechenbrett besprochenen Prinzipes der Zerlegung der Zahlen in einzelne Zahlen- oder Dezimalstellen für jede dieser Stellen je einen Zahlenschieber vorsieht. Diese Zahlenschieber brauchen dann natürlich nur die Zahlen von 0 bis 9 zu tragen. Es muß aber für eine mechanische Zehnerübertragung zwischen den Zahlenschiebern gesorgt sein. Man gelangt damit zu der in Abb. 5 dargestellten Ausführungsform. In dieser Abbildung ist das Deckblech mit den festen Einstellskalen rechts weggebrochen dargestellt, um die im Innern des viereckigen Kastens liegenden, in Rillen geradlinig geführten Zahlenschieber *b* zu zeigen. Die Zahlenschieber sind schraffiert gezeichnet. Analog zu Abb. 3 sind wieder die Einstellschlitze, die hier eine etwas abweichende, krückstockartige Form haben, mit *c* bezeichnet, die Schauöffnungen mit *d*, die Zahnlücken der Zahlenschieber mit *e,* der Rechen- oder Einstellstift mit *f.*

Der dargestellte Apparat weist 5 Zahlenschieber und entsprechend 5 Schauöffnungen auf. In den letzteren ist die Zahl 02150, also 2150 abzulesen. Will man nun zu dieser Zahl beispielsweise die Zahl 5200 hinzuaddieren, so setzt man den Rechenstift in die der Zahl 5 am Tausender-Einstellschlitze gegenüberliegende Zahnlücke ein (Lage I in Abb. 5) und führt ihn unter Mitnahme des Zahlenschiebers nach unten bis zum Anschlag (Lage II). Entsprechend wird 2 in der Hunderterstelle addiert. Der Tausender-Zahlenschieber hat sich also um 5 Zahlen nach unten verschoben, der Hunderterschieber um 2. In den Schauöffnungen *d* erscheint das Resultat 7350.

Jeder Zahlenschieber kann sich natürlich nur so weit herabbewegen, bis die

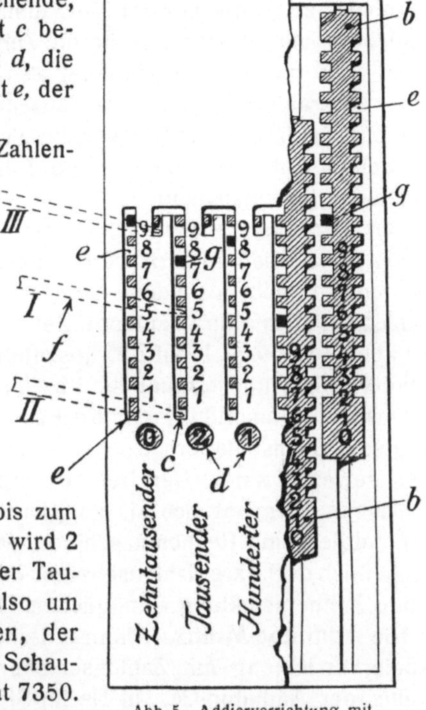

Abb. 5. Addiervorrichtung mit Zahlenschiebern.

Zahl 9 im Schauloche erscheint. Würde man zu der eingestellten Zahl 2150 die Zahl 8000 zu addieren haben, so könnte man den Tausenderschieber nur noch um 7 Zahlenentfernungen nach unten schieben, nicht aber um 8. Man hat also in diesem Falle, wo eine Zehnerübertragung notwendig wird, anders zu verfahren als vorhin. Daß dies erforderlich ist, erkennt man schon an der Lage des schwarz gefärbten Zahnes *g* des Tausenderschiebers. Wenn man nämlich *bei der in der Abbildung gezeichneten Lage des Schiebers* bei der Zahl 8 einsetzt, so setzt man nicht unterhalb des schwarzen Zahnes ein, wie vorhin bei der Addition 2150 + 5200, als keine Zehnerübertragung nötig wurde, sondern oberhalb. Man muß in diesem Falle mit dem Rechenstift nach oben fahren und ihn oben in der krückstockartigen Verlängerung *h* des Einstellschlitzes herumführen, bis er die Lage III einnimmt. Der Rechenstift kommt hierbei,

nachdem er den Tausender-Schieber um 2 Stellen nach oben verschoben hat, in die rechte Verzahnung des nächst höheren Zahlenschiebers, also desjenigen für die Zehntausender, und verschiebt ihn
um 1 Zahl nach unten. Man hat also, statt 8000 zu addieren, zuerst
2000 subtrahiert (da man den Tausenderschieber so bewegt hat, daß
die Zahlen umgekehrt wie vorhin, also im subtraktiven Sinne 2, 1, 0
im Schauloche aufeinander folgten) und alsdann 10000 addiert, was
auf dasselbe hinausläuft.

Der Vorgang bei der Zehnerübertragung ist, wie man sieht, nicht
völlig selbsttätig, sondern erfordert die Aufmerksamkeit des Rechners.
Das macht sich besonders bemerkbar, wenn eine durch mehrere
Zahlenstellen hindurchlaufende Zehnerschaltung, wie sie z. B. bei der
Addition 99999 + 1 auftritt, auszuführen ist. Diese Schwierigkeiten
bei der Zehnerübertragung sind es, die einer allgemeinen Einführung
und weitern Ausbildung der Rechenvorrichtungen mit geradlinig be-
wegten Zahlenschiebern trotz ihrer Einfachheit und Billigkeit hinder-
lich gewesen sind. Der bei der drehbaren Rechenscheibe einge-
schlagene Weg hat sich als gangbarer erwiesen. Man verwendet bei
den Addier- und Rechenmaschinen, wie wir sehen werden, fast ausschließlich drehbare Zahlenscheiben oder Zahlenrollen, die eine selbsttätige Zehnerschaltung ermöglichen.

Die Addiator-Multix. Als praktisches Ausführungsbeispiel für eine
Addiervorrichtung mit Zahlenschiebern ist in Abb. 6 die Addiator-
Multix der Addiator-Ges. in Berlin-Steglitz dargestellt. Diese kleine
und verhältnismäßig billige Rechenvorrichtung verdankt ihre große
Verbreitung neben ihrer gefälligen äußeren Form mehreren Verbesserungen. Diese beziehen sich zunächst auf die Zehnerübertragung.
Bei einem Zahlenbeispiel 99 + 1 addiert man, wie oben erklärt wurde,
die 1 in der Einerstelle durch Einsetzen des Rechenstiftes bei der 1
und Herumfahren nach oben bis in die Verlängerung des Schlitzes,
die über dem Zehnerschieber liegt, also durch Subtraktion von 9 Einern
und Addition von 1 Zehner. Diese Addition von 1 Zehner ist aber
bei den älteren Ausführungen gemäß Abb. 5 nicht möglich, wenn der
Zehnerschieber bereits auf 9 steht und also nicht weiter nach unten
bewegt werden kann. Der Rechner muß dann die 1 in der Zehnerstelle in der gleichen Weise wie die 1 in der Einerstelle besonders
einführen, d. h. bei der 1 einsetzen und nach oben herumfahren.
Diese zweite Operation wird leicht vergessen, worauf das Resultat
dann natürlich falsch wird. Bei der Addiator ist nun auf jedem Zahlenschieber oberhalb der 9 noch ein in die Augen fallender farbiger

Kreis aufgetragen. Bei unserm Zahlenbeispiel 99 + 1 bewegt sich, wenn in der Einerstelle in der oben beschriebenen Weise eine 1 addiert wird, der Zehnerschieber um 1 Wegeinheit nach unten, so daß in dem Schauloch der Zehnerstelle statt der 9 der erwähnte Kreis, gewissermaßen als Warnungssignal, erscheint. Der Rechner wird dadurch in auffälliger Weise darauf aufmerksam gemacht, daß in der Zehnerstelle noch eine 1 hinzugefügt werden muß, so daß diese

Abb. 6. Addiator-Multix.

Operation kaum übersehen werden kann.

Die zweite Verbesserung bezieht sich auf eine Einrichtung für die Subtraktion. Hierfür besitzt jeder Zahlenschieber auf seiner Rückseite eine zweite Zahlenreihe, die entgegengesetzt läuft, wie diejenige auf der Vorderseite. Wenn nun der Zahlenschieber durch Einsetzen des Rechenstiftes in einen der Subtraktionszahlenreihe zugehörigen Schlitz der rückseitigen Deckplatte in der gleichen Richtung wie vorhin bei der Addition bewegt wird, folgen die Subtraktionszahlen, die in dem zugehörigen Schauloch der Rückseite erscheinen, einander in absteigendem subtraktiven Sinne. Man kann in einfacher Weise und in beliebigem Wechsel addieren und subtrahieren, indem man entweder die Vorderseite oder nach Umdrehen des Apparates die Rückseite benutzt. Die Addiator eignet sich also für die Registrierung von Einnahmen und Ausgaben, für die Ermittlung des Saldos bei Debet- und Kreditrechnungen usw.

Die dritte Verbesserung betrifft eine einfache, mit „Multix" bezeichnete Hilfsvorrichtung für die Multiplikation. Wie auf S. 33 ausführlicher beschrieben, kann man bei einfachen Addiermaschinen eine Multiplikation nach der Einmaleinsmethode ausführen, d. h. bei einem Beispiel 23 × 4 rechnet man die Einzelprodukte 20 × 4 = 80 und 3 × 4 = 12 im Kopfe aus und addiert sie, indem man sie in die richtigen Zahlenstellen der Addiermaschine einführt. Die Einführung in eine falsche Wertstelle ist hierbei leider leicht möglich. Bei der Multix werden nun die beiden Faktoren (in Abb. 6 für ein Zahlenbeispiel 65327 ✕ 3769) auf zwei wagerecht gegeneinander verschiebbare Schieberstreifen aufgeschrieben. Die Schieberstreifen besitzen die moderne Printator-Schreibvorrichtung, die Schrift kann also leicht wieder gelöscht und beliebig wiederholt werden. Ein mit dem oberen verschiebbaren Streifen fest verbundener fensterartiger Ausschnitt, der in Abb. 6 über der Ziffer 6 des unteren Streifens steht und nach jeder Teilmultiplikation um eine Ziffer nach links weiter zu rücken ist, zeigt dem Rechner an, in welcher Wertstelle er mit der Einführung der Teilprodukte zu beginnen hat. Bei dem dargestellten Zahlenbeispiel hat man also, wenn die Teilmultiplikation 65327 ✕ 6 ausgeführt werden soll, das erste Teilprodukt 7 ✕ 6 = 42 in der Zehnerstelle und links davon einzuführen (d. h. man addiert 2 Zehner und 4 Hunderter durch Einsetzen des Rechenstiftes in die oben liegenden Zahlenschieber).

Die einfachen Addiervorrichtungen können und sollen natürlich nicht die später zu beschreibenden, erheblich teureren Addier- und Rechenmaschinen ersetzen. Sie besitzen aber den Vorzug der Einfachheit, Billigkeit und Handlichkeit. Man kann sie bequem in der Tasche mitführen. Eine größere Zeitersparnis dürfte damit, wenigstens für den geübten Kopfrechner, im allgemeinen nicht zu erzielen sein, es sei denn, daß es sich um das Aufaddieren von Beträgen handelt, die auf einzelnen losen Zetteln verstreut sind, wie z. B. auf den Kaufzetteln der Warenhäuser, auf einzelnen Rechnungen oder Quittungen, auf Schecks usw. Um solche zerstreuten Zahlen im Kopfe addieren zu können, müßte man sie ja erst untereinander auf ein Blatt Papier aufschreiben. Diese Arbeit ist beim Maschinenrechnen nicht erforderlich; ihr Wegfall bedeutet also eine erhebliche Zeitersparnis. In allen Fällen kommt aber das Fortfallen der geistigen Anspannung hinzu.

2. DIE RECHENVORRICHTUNGEN FÜR DIE MULTIPLIKATION UND DIVISION

Die Beherrschung des Einmaleins war im Altertum und bis in das späte Mittelalter hinein eine seltene Kunst. Man behalf sich bei der Multiplikation mit Tabellen, welche ähnlich wie die noch heute im Gebrauche befindlichen, später zu besprechenden Rechentabellen die

Produkte der einfachen Zahlen von 1 bis 9, manchmal auch der Zahlen bis 100, angaben (Pythagoreische Tafeln).

Die Napierschen Rechenstäbe. Es bedeutete daher einen großen Fortschritt, als der schottische Baron Napier im Jahre 1617 seine neue Methode der Multiplikation mit Rechenstäben bekannt gab. Diese Rechenstäbe sind als Napiersche oder Neppersche Stäbchen allgemein bekannt. Die Methode beruht darauf, das die einzelnen senkrechten Spalten (Kolumnen) der Pythagoreischen Tafeln getrennt und einzeln auf Stäbchen gedruckt sind, die nach Bedarf entsprechend den Ziffern der zu multiplizierenden Zahl aneinandergelegt werden.

Abb. 7.
Napiersche Rechenstäbe.

Abb. 7 zeigt links einen einzelnen Napierschen Stab für die Zahl 3. Wir sehen unterhalb der Kopfzahl 3 die Produkte dieser Zahl mit den Multiplikatoren 2 bis 9. Die zweistelligen Produkte sind in eigenartiger Weise geschrieben; die beiden Ziffern stehen schräg übereinander und sind durch einen Diagonalstrich voneinander getrennt. Hat man nun z. B. die Multiplikation 327×6 auszuführen, so legt man die Stäbe mit den Kopfzahlen 3, 2 und 7 nebeneinander, neben einen die Multiplikatorzahlen 2 bis 9 aufweisenden Stab, wie in Abb. 7 rechts gezeigt ist. Gegenüber der Multiplikatorzahl 6 hat man dann in einer wagerechten Reihe die Einzelprodukte der Zahlen 3, 2, 7 und der Zahl 6 nebeneinander. Man braucht nur die Einerzahl jedes Einzelproduktes mit der Zehnerziffer des rechts stehenden im Kopfe zusammenzuzählen, um das Gesamtprodukt gleich hinschreiben zu können. In unserem Falle lesen wir gegenüber der Zahl 6 ab zuerst 1, dann $8 + 1 = 9$; dann $2 + 4 = 6$ und schließlich 2. Das Resultat ist also 1962. Bei einem mehrstelligem Multiplikator muß man natürlich die Einzelresultate in der üblichen Weise auf einem Blatt Papier untereinander aufschreiben und addieren.

Es sind zahlreiche Rechenapparate erfunden worden, denen das Napiersche Prinzip zugrunde liegt, auch solche für mehrstellige Multiplikatoren. Die Apparate besitzen zum Teil auch gleich Einrichtungen für die Addition der gefundenen Produkte. Zu einer allgemeinen Einführung scheint jedoch wenigstens in Deutschland keiner gelangt zu sein, offenbar deswegen, weil die Vorteile gegenüber dem Kopfrechnen nicht genügend groß sind. Ein geübter Rechner rechnet im Kopfe schneller als mit derartigen Apparaten.

2*

Die Rechen- und Produktentafeln. Gangbarer hat sich der Weg gezeigt, die Pythagoreischen Tafeln so zu erweitern, daß sie die Produkte auch mehrstelliger Zahlen fertig angeben. Derartige Rechen- oder Produktentafeln werden in Buchform gedruckt und sind im Buchhandel erhältlich. Am gebräuchlichsten dürften die Rechentafeln von Crelle und diejenigen von Zimmermann sein. Um eine Vorstellung von der Art des Rechnens zu geben, ist ein kurzer Abschnitt einer Rechentafel eingefügt, welche die Produkte der Multiplikanden von 1 bis 1000 mit den Multiplikatoren von 1 bis 100 gibt. Eine eingehendere Belehrung über das Tabellenrechnen findet sich in dem Werke „Praktische Mathematik" von Dr. Neuendorff, Band 341 der Sammlung „Aus Natur und Geisteswelt".

	870	871	872	873	874	875	876	877	878	879	
51	44370	44421	44472	44523	44574	44625	44676	44727	44778	44829	51
52	45240	45292	45344	45396	45448	45500	45552	45604	45656	45708	52
53	46110	46163	46216	46269	46322	46375	46428	46481	46534	46587	53
54	46980	47034	47088	47142	47196	47250	47304	47358	47412	47466	54
55	47850	47905	47960	48015	48070	48125	48180	48235	48290	48345	55
56	48720	48776	48832	48888	48944	49000	49056	49112	49168	49224	56
57	49590	49647	49704	49761	49818	49875	49932	49989	50046	50103	57
58	50460	50518	50674	50634	50692	50750	50808	50866	50924	50982	58
59	51330	51389	51448	51507	51566	51625	51684	51743	51802	51861	59
60	52200	52260	52320	52380	52440	52500	52560	52620	52680	52740	60
61	53070	53131	53192	53253	53314	53375	53436	53497	53558	53619	61
62	53940	54002	54064	54126	54188	54250	54312	54374	54436	54498	62
63	54810	54873	54936	54999	55062	55125	55188	55251	55314	55377	63

Rechenbeispiele: 1. Multiplikation: 878×57. Man findet an der Kreuzung der senkrechten Spalte der Zahl 878 und der wagerechten Zeile der Zahl 57 das Produkt 50046.

2. Multiplikation: 878×5761. Man sucht die Einzelprodukte 878×57 und 878×61 auf, schreibt sie auf einem Blatt Papier gegeneinander versetzt auf und addiert sie im Kopfe, also

$$
\begin{array}{rl}
878 \times 57 &= 50046 \\
878 \times 61 &= 53558 \\
\hline
878 \times 5761 &= 5058158
\end{array}
$$

3. Division: $48690 : 874$. Man sucht in der senkrechten Spalte der Zahl 874 solange, bis man das nächst kleinere Produkt gefunden hat, in diesem Falle 48070. In der Multiplikatorenspalte findet man auf der gleichen wagerechten Zeile den Quotienten 55. Der Rest ist

in der üblichen Weise durch Subtraktion zu berechnen, also 48690 — 48070 = 620.

Die Rechentafeln sind häufig noch mit Tabellen der Quadrate, der dritten Potenzen, der Quadrat- und dritten Wurzeln, der reziproken Werte, der Kreisumfänge, der Kreisinhalte usw. verbunden. Auch Zins- und Löhnungstabellen sind gebräuchlich.

Die Rechentafeln bilden ohne Zweifel ein bei Ansehung des billigen Preises wertvolles Hilfsmittel für den Rechner. Indessen können sie natürlich schon wegen ihres beschränkten Zahlenbereiches und wegen der Notwendigkeit, die Einzelprodukte auf dem Papier zusammenaddieren zu müssen, nicht die Rechenmaschine ersetzen. Schließlich ist auch die Sicherheit der Rechnung geringer als bei Rechenmaschinen. Schon die Ablesung der Produkte in der Tabelle, dann die Übertragung auf das Papier und zuletzt die Addition kann eine Quelle von Fehlern werden.

Die Rechentabellen in Rollenform. Bei den Tabellen in Buchform kann man beim Ablesen des Resultates leicht in eine falsche Spalte geraten. Auch das Umherblättern wird als lästig empfunden. Um diesen Mängeln abzuhelfen, hat man die Rechentabellen in Form einer Rolle geschaffen. Die Tabellenzahlen sind auf einem langen Streifen von Leinwand o. dgl. aufgetragen, welcher mittels einer Handkurbel von einer Rolle abgewickelt und auf eine zweite Rolle aufgewickelt wird. Von den Tabellenzahlen erscheint immer nur eine Zeile oder Kolumne unter einem Schlitz des Gehäuses, in dem die Rollen verdeckt gelagert sind. Eine größere Verbreitung haben aber alle diese Apparate, wenigstens in Deutschland, nicht gefunden.

II. DIE RECHENMASCHINEN

3. GESCHICHTLICHES ÜBER RECHENMASCHINEN

Die erste Rechenmaschine, eine einfache Addiermaschine, wurde von dem französischen Mathematiker Pascal (1623—1662) erfunden. Sie diente lediglich für die Addition und Subtraktion. Pascal konstruierte die Maschine, um seinem Vater, der Steuerpächter war, die Ausführung seiner Rechnungen zu erleichtern. Sie ähnelte in ihrer Anlage der in Abb. 11 dargestellten Addiermaschine.

In den folgenden Jahrhunderten wandte man sich, wie aus dem folgenden ersichtlich, mehr der Konstruktion von multiplizierenden Maschinen zu. Erst in der zweiten Hälfte des 19. Jahrhunderts wurden die Versuche häufiger, eine besonders für die Addition langer

Zahlenreihen geeignete Maschine zu bauen. Zahlreiche Patente wurden erteilt. Aber die Erfinder eilten wie gewöhnlich den Bedürfnissen ihrer Zeit weit voraus. In Amerika hatte man zuerst Verwendung für derartige, zeit- und geldsparende Maschinen; so ist es erklärlich, daß dort die ersten praktisch brauchbaren Addiermaschinen fabrikmäßig hergestellt wurden. Größere Erfolge erzielte zuerst die Burroughs-Addiermaschine. Das deutsche Patent 77068 für die Burroughs-Maschine stammt vom Jahre 1893. In Deutschland wurden zuerst nur kleine, billige Zehntastenmaschinen gebaut, die praktische Bedeutung nicht gewonnen haben. In den Jahren vor dem Kriege wurde aber auch die Fabrikation großer Addiermaschinen mit Volltastatur und Druckwerk aufgenommen. Solche Maschinen werden jetzt in immer steigendem Umfang und bester Ausführung gebaut und in großen Mengen exportiert.

Die Rechenmaschinen (im engeren Sinne, d. h. die multiplizierenden Maschinen) wurden zuerst in Deutschland ausgebildet und zu hoher Vollendung gebracht.

Von den beiden großen Gruppen der Sprossenrad-Rechenmaschinen (Odhner-Maschinen) und Staffelwalzen-Rechenmaschinen (Thomas-Maschinen) wurde die letztere zuerst ausgebildet. Der bekannte Philosoph und Mathematiker Leibniz (1646—1716) konstruierte um das Jahr 1675 die erste Rechenmaschine mit Staffelwalzen. Er verwendete große Summen, angeblich 20 000 Taler, für seine Maschine, die damals als ein Wunder angestaunt wurde. Trotzdem gelangte sie nicht zu praktischer Brauchbarkeit, wie es scheint, wegen eines Konstruktionsfehlers, der der Aufmerksamkeit des Erfinders entgangen war.

Etwa ein Jahrhundert später stellte der schwäbische Pfarrer Hahn, der sich viel mit mechanischen Arbeiten beschäftigte, die ersten wirklich brauchbaren und tatsächlich lange Zeit praktisch benutzten Rechenmaschinen her, jedoch nur in vereinzelten Exemplaren. In größerem Umfange wurde die Fabrikation in Paris etwa im Jahre 1820 von dem Elsässer Thomas aufgenommen. Er gab den Staffelwalzenmaschinen ihre noch heute im ganzen aufrechterhaltene Grundform; die Maschinen dieser Gattung werden daher in der Regel als Thomas-Maschinen bezeichnet. Die Fabrikation erwies sich jedoch als wenig rentabel, weil ein großes Bedürfnis nach derartigen Maschinen damals noch nicht bestand und das Publikum höhere Preise nicht bezahlen wollte.

In Deutschland baute der Ingenieur Burkhardt in Glashütte i. Sa.

in den 70er Jahren die ersten Thomas-Maschinen. Als die Nachfrage sich um die Wende des Jahrhunderts stark steigerte, nahm eine ganze Reihe von Betrieben die Fabrikation dieser Maschinen auf. In den letzten Jahren werden die Maschinen vielfach auch als Tastenmaschinen ausgeführt, so daß man mit ihnen ebenso gut addieren kann, wie mit den amerikanischen Tastenaddiermaschinen, aber außerdem auch mit derselben Leichtigkeit die anderen Rechnungsarten ausführen kann.

Als erste Maschine mit verstellbaren Antriebzähnen muß diejenige des Venetianers Poleni gelten, deren Beschreibung sich zuerst in einer Druckschrift vom Jahre 1709 findet. Praktische Bedeutung hat diese Maschine aber ebensowenig gefunden, wie die Sprossenradmaschine eines Dr. Roth aus dem Jahre 1841 (brit. Patentschrift 9616 v. J. 1843). Das erste deutsche Patent (D. R. P. 7393) auf eine Sprossenradmaschine wurde im Jahre 1878 erteilt. Es betrifft eine erste Konstruktion des Erfinders Odhner, die aber nicht zur Durchführung gelangte. Die zweite Konstruktion Odhners, die in der deutschen Patentschr. 64925 vom Jahre 1891 enthalten ist, zeigt bereits die Form, in der die Maschine später als Odhner- oder Brunsviga-Maschine zur allgemeinen Einführung gelangt ist. Die fabrikmäßige Herstellung dieser Maschine wurde im Anfang der 90er Jahre von der Firma Grimme, Natalis & Co. in Braunschweig mit dem größten Erfolg aufgenommen. Große Verdienste um die weitere Ausbildung der Maschine erwarb sich der leitende Direktor Trinks der genannten Firma, der von der Technischen Hochschule Braunschweig zum Dr. Ing. e. h. ernannt wurde. Die Sprossenradmaschinen werden jetzt von einer ganzen Reihe von Fabriken in großen Mengen gebaut und exportiert.

Die Maschinen nach System Thomas und Odhner führen die Multiplikation durch wiederholte Addition aus. Bei einem Multiplikator 5 sind also 5 Kurbelumdrehungen erforderlich. Schon Leibniz bestrebte sich, ein anderes Prinzip der Multiplikation zu finden, welches die Ausführung einer derartigen Multiplikation mit einer einzigen Kurbeldrehung oder Antriebbewegung ermöglicht, ohne indessen Erfolg damit zu haben. Eine der ersten tatsächlich gebauten Maschinen dieser Art dürfte diejenige von Professor Selling in München (D. R. P. 39634 vom Jahre 1886) gewesen sein, die aber eine größere Aufnahme nicht gefunden hat. Bekannt und verbreitet ist dagegen die Maschine „Millionär" von Hans W. Egli in Zürich. Die Grundzüge dieser Maschine sind in dem Steigerschen Patente 72870 vom Jahre 1892 angegeben.

Einen bedeutungsvollen Schritt zur vollkommen selbsttätigen Rechenmaschine, welche den geistigen Arbeiter möglichst ganz von der Handbedienung entlasten soll, bedeuten die neuen Maschinen der Mercedes-Gesellschaft. Bei diesen Maschinen werden die Faktoren der Rechnung (also bei der Multiplikation auch ein mehrstelliger Multiplikator) sofort ganz eingestellt, die mit Motorantrieb versehene Maschine führt dann die Rechnung selbsttätig aus, besorgt also auch die Stellenverschiebung ohne Zutun des Rechners.

4. DIE HAUPTBESTANDTEILE UND DIE EINTEILUNG DER RECHENMASCHINEN

Der wichtigste Teil jeder Rechenmaschine ist das Zählwerk (auch Addierwerk, Summierwerk, Resultatwerk, Registrierwerk genannt). Ein Zählwerk werden die meisten Leser schon bei den bekannten Gas- und Elektrizitätsmessern gesehen haben. Abbildung 8 zeigt das Zifferblatt eines Zeigerzählwerkes, wie wir es gewöhnlich bei den Gasmessern finden. Wir sehen eine Reihe nebeneinanderliegender Zifferblätter mit je einem Zeiger, und zwar ist für jede Zahlenstelle, d. h. für die Einer, Zehner, Hunderter usw. der anzuzeigenden Zahl, je ein Zifferblatt mit einem Zeiger vorgesehen. Das dargestellte Zählwerk zeigt 4 Tausender, 8 Hunderter, 2 Zehner, 0 Einer an, repräsentiert also die Zahl 4820.

Die Ablesung des Resultates beim Zeigerzählwerk ist nun, besonders wegen der Zwischenstellungen, welche die Zeiger zwischen den Ziffern einnehmen, nicht sehr bequem. Sie kann auch leicht zu Verwechslungen Anlaß geben. Man hat die Zeigerzählwerke bei Rechenmaschinen daher fast ganz verlassen. Wir finden in der Praxis fast ausschließlich entweder Scheiben- oder Rollenzählwerke.

Abb. 9 zeigt das Schema eines Scheibenzählwerkes. In einem Kasten, dessen Deckel in der Zeichnung rechts weggebrochen gezeichnet ist, liegen nebeneinander vier um feststehende Zapfen dreh-

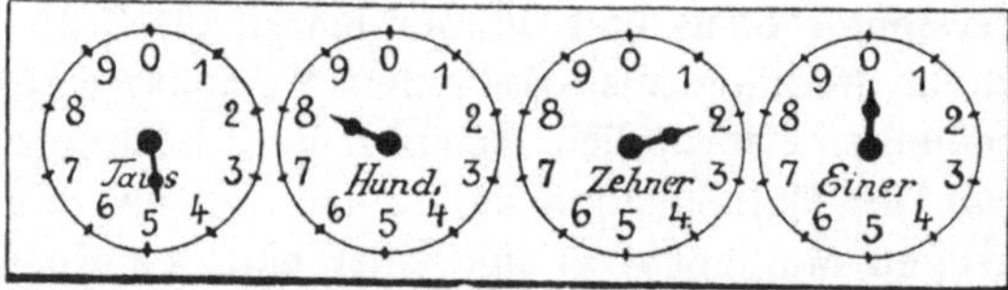

Abb. 8. Zeigerzählwerk.

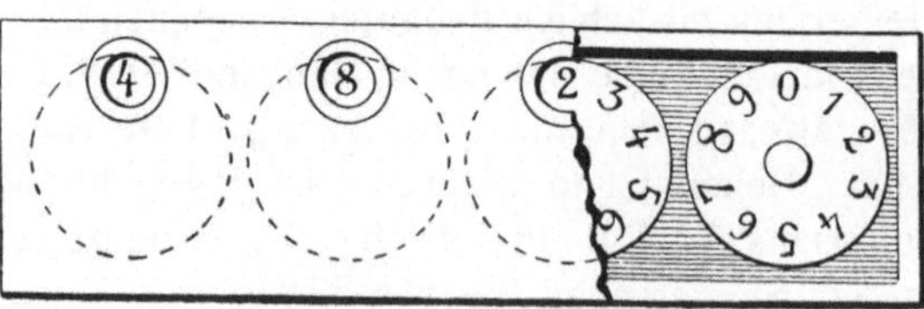

Abb. 9. Scheibenzählwerk.

bare, flache Scheiben, die auf ihrer
oberen, ebenen Stirnfläche die Zahlen
von 0 bis 9 tragen. Im Deckbleche ist
für jede Zahlenstelle eine gewöhnlich
als Schauöffnung oder als Schauloch
bezeichnete runde Durchbrechung vorgesehen, unter welcher die Ziffern
der Zahlenscheibe vorbeiwandern und
nacheinander sichtbar werden. Das
dargestellte Zählwerk zeigt die Zahl
4820 an.

Abb. 10.   Rollenzählwerk.

In Abb. 10 ist schematisch ein Rollenzählwerk gezeichnet. Die
Ziffern sind hier auf dem Umfange oder Mantel von Rollen aufge-
tragen, die um eine gemeinsame, im Gehäuse fest gelagerte Achse
einzeln lose drehbar sind. Ein Vergleich zeigt, daß die Zahlen beim
Rollenzählwerk verhältnismäßig größer sind, dichter aneinanderrücken
und daher bequemer abzulesen sind, als beim Scheibenzählwerk.
Das Rollenzählwerk verdient also von diesem Standpunkte aus den
Vorzug.

Die einfachsten Addiermaschinen enthalten weiter nichts als ein
derartiges Zählwerk. Um zu der im Zählwerk stehenden Zahl eine
andere Zahl hinzuzuaddieren, braucht man nur die Zahlenscheiben
oder Zahlenrollen um so viel Zahlen (Einheiten) weiterzudrehen, wie
die zu addierende Zahl angibt. Soll z. B. zu der vom Scheibenzählwerk angezeigten Zahl 4820 die Zahl 2 hinzuaddiert werden, so
braucht man nur die Zahlenscheibe der Einerstelle (also die ganz
rechts liegende) um 2 Einheiten weiterzudrehen. Im Schauloche der
Einerstelle erscheint dann statt der 0 die Zahl 2 und das Zählwerk
gibt die Summe $4820 + 2 = 4822$ an. Wollte man dagegen den
Posten 152 addieren, so müßte man die Hunderterscheibe um 1 Zahl,
die Zehnerscheibe um 5 Zahlen und die Einerscheibe um 2 Zahlen
weiterdrehen; das Zählwerk würde dann die Summe $4820 + 152$
$= 4972$ angeben.

Um die Zahlenscheiben bequem drehen zu können, sind sie bei den
Addiermaschinen einfachster Art am Rande mit Auskerbungen versehen,
in die man den Zeigefinger einsetzt. Oder die Zahlenscheiben weisen,
wie bei der in Abb. 4 dargestellten Rechenscheibe, kleine Vertiefungen
oder Löcher auf, in die man einen spitzen Stift einsetzt, um damit die
Zahlenscheibe mehr oder weniger weit zu verstellen. Diese einfachen
Maschinen kann man daher als Addiermaschinen mit unmittel-

barem Zählwerkantrieb oder als Addiermaschinen mit Stifteinstellung bezeichnen.

Der unmittelbare Zählwerkantrieb mag nun allerdings den Vorzug
der Einfachheit und Billigkeit haben. Er genügt aber nicht, wenn es
auf Schnelligkeit und Bequemlichkeit der Arbeit ankommt. Darum ist
bei den leistungsfähigeren Maschinen eine besondere Antriebvorrichtung (ein Antriebwerk) vorgesehen, durch welches die Zählwerkräder schneller und bequemer angetrieben, d. h. um die dem Summanden entsprechende Zahl von Einheiten gedreht werden können. In
erster Linie ist hier der Tastenantrieb zu nennen. Die Tastenmaschinen
besitzen wie die Schreibmaschinen ein Tastenbrett. Um z. B. die Zahl 3
zu addieren, tippt man dann einfach auf die mit der Zahl 3 versehene
Taste. Es werden aber auch mancherlei andere Organe für den
Antrieb benutzt, wie z. B. Hebel, Zahnstangen, Ketten, Schieber,
Knöpfe usw.

Bei gewissen Addiermaschinen und bei den Rechenmaschinen zerfällt die Antriebvorrichtung in zwei getrennte Teile, nämlich in das
Einstellwerk und in das Übertragungswerk (das eigentliche Antriebwerk). Die in die Rechnung einzuführende Zahl wird dann zunächst im Einstellwerk durch Tasten, Hebel, Schieberknöpfe u. dgl.
eingestellt. Erst wenn die ganze Zahl eingestellt ist, wird sie durch
Drehung eines besonderen Hand- oder Antriebhebels (einer Antriebkurbel) oder auch durch Einschaltung eines elektrischen Übertragungs-
werkes auf das Zählwerk übertragen.

Zu jedem Zählwerke gehören ferner eine Zehnerübertragung
(Zehnerschaltung) und eine Nullstellung (Löschung). Das
Wesen der Zehnerübertragung wurde bereits im ersten Kapitel besprochen. Wenn sich ein Zahlenrad einmal ganz herumgedreht hat,
wenn also in der Schauöffnung statt der 9 die 0 erscheint, muß das
links daneben liegende Zahlenrad selbsttätig um 1 Zahl weiter-
springen. Ein ähnlicher Vorgang spielt sich ja auch bei der gewöhnlichen Taschenuhr ab. Dort ist der Minutenzeiger mit dem Stunden-
zeiger so durch ein Rädergetriebe verbunden, daß sich der Stunden-
zeiger um eine Stunde weiterdreht, wenn sich der Minutenzeiger
einmal ganz herumdreht. Ähnliche einfache Rädergetriebe sind auch
bei den einfachsten Addiermaschinen für die Zehnerübertragung
vorgesehen. Bei den leistungsfähigeren Maschinen wird die Zehnerübertragung häufig recht kompliziert. Zum vollen Verständnis der
Zehnerübertragung wären eingehende fachmännische Untersuchungen
erforderlich. Die Zehnerübertragung wird daher im folgenden, abge-

sehen von den einfachsten Ausführungen[1]), nur soweit besprochen, wie es zur Beurteilung durch den Laien erforderlich ist.

Beim Beginn jeder Rechnung muß in sämtlichen Schauöffnungen eine 0 stehen. Man muß also, um die neue Rechnung beginnen zu können, das von der vorigen Rechnung her stehengebliebene Resultat wieder auslöschen. Eine Rückstellung der einzelnen Zahlenräder auf Null durch die Hand des Rechners würde zeitraubend und unbequem sein. Es ist daher in der Regel eine Einrichtung getroffen, um sämtliche Zahlenräder durch einen einzigen Griff schnell und bequem auf Null stellen zu können. Diese Einrichtung besteht meistens aus einem Knopf oder Handgriff, der niedergedrückt, verschoben oder auch umgedreht werden muß. Manchmal ist eine besondere Nullstellung nicht vorhanden. Die Nullstellung erfolgt dann durch das Antriebwerk. Man kann ja, wenn das Zählwerk beispielsweise 4820 anzeigt, diesen Betrag dadurch auslöschen, daß man 4820 subtrahiert.

Unterschiede zwischen Addiermaschinen (Additionsmaschinen)[2]) und Rechenmaschinen (Multipliziermaschinen). Man unterscheidet Addiermaschinen und Rechen- oder Multipliziermaschinen. Über den Gebrauch dieser Bezeichnungen bestehen aber keinerlei einheitliche Grundsätze. Selbst die Fachleute sind sich über die Zuständigkeit der einen und der anderen Bezeichnung keineswegs einig.

Die Verwirrung wird noch dadurch gesteigert, daß die Bezeichnung „Rechenmaschine" in verschiedenem Sinne gebraucht wird, nämlich einmal in einem weiteren Sinne und das andere Mal in einem engeren Sinne. Spricht man von Rechenmaschinen im weiteren Sinne, so sind darunter natürlich sämtliche rechnenden Maschinen zu verstehen, also auch die Addiermaschinen. Spricht man dagegen von Rechenmaschinen im engeren Sinne, so meint man damit, im Gegen-

---

1) Die einfachste Ausführung der Zehnerübertragung ist auf S. 26 beschrieben.

2) Die Addiermaschinen werden sehr häufig auch als Additionsmaschinen bezeichnet. Beide Namen sind natürlich gleichberechtigt. Die Wortbildung „Addiermaschine" dürfte aber dem allgemeinen Sprachgebrauch mehr entsprechen als die Wortbildung „Additionsmaschine". Man spricht von Schreibmaschinen, Waschmaschinen, Bohrmaschinen, Fräsmaschinen, Strickmaschinen. Dabei verbindet man mit dem Substantivum „Maschine" den Stamm des entsprechenden Verbums „schreiben, waschen, bohren usw.". Auch die Bezeichnung „Rechenmaschine" ist analog gebildet, denn der vorgesetzte Wortbestandteil „Rechen" ist der Stamm des Verbums „rechnen" (rechenen). Will man konsequent vorgehen, so muß man auch in unserem Falle den Stamm des Verbums „addieren" vorsetzen, also „Addiermaschine" sagen.

satz zu den hauptsächlich für die Addition bestimmten Addiermaschinen, die für alle vier Rechenspezies (Addition, Subtraktion, Multiplikation, Division) bestimmten Maschinen (Brunsviga, Thomasmaschinen usw.). Die letzteren werden häufig auch als „Multipliziermaschinen" bezeichnet, diese Bezeichnung ist aber ebenfalls nicht ganz präzise; denn die in Frage kommenden Maschinen multiplizieren nicht nur, sondern führen auch die übrigen Rechnungsarten mit derselben Leichtigkeit aus. Man bezeichnet daher die für alle vier Rechnungsarten bestimmten Maschinen in der Regel kurz und einfach als „Rechenmaschinen".

Eine scharfe und allseitig anerkannte Grenze zwischen den beiden Gruppen der Addiermaschinen und Rechen- oder Multipliziermaschinen besteht nicht. Mit Addiermaschinen werden, wie schon der Name besagt, die in erster Linie für die Addition bestimmten Maschinen bezeichnet (Addiermaschine Comptator, Burroughs - Addiermaschine, Continental-Addiermaschine usw.). Da aber die Multiplikation, wie schon im ersten Kapitel besprochen wurde, nur eine wiederholte Addition ist, kann man mit jeder Addiermaschine auch multiplizieren, meist allerdings nur in sehr umständlicher und zeitraubender Weise. Die Addiermaschinen werden daher, namentlich wenn besondere Einrichtungen zur Erleichterung der Multiplikation getroffen sind, vielfach als Rechenmaschine oder als Universal-Rechenmaschine in den Handel gebracht. Die Fabrikanten wollen damit zum Ausdruck bringen, daß man mit der betreffenden Maschine nicht nur addieren, sondern erforderlichenfalls auch andere Rechnungen ausführen, insbesondere multiplizieren kann. Im allgemeinen besteht jedoch in den deutschen Fachkreisen die Ansicht, daß nur die Maschinen mit einem quer verschiebbaren Zählwerkschlitten und mit einem den Multiplikator angebenden Umdrehungszählwerk als Rechenmaschinen (Multipliziermaschinen) zu bezeichnen sind, weil nur diese Maschinen für alle vier Rechenspezies gleich gut geeignet sind (Brunsviga-Maschinen, Thomas-Maschinen, Mercedes-Maschinen, Millionär usw.).

Einteilung der Addiermaschinen. Bei den Addiermaschinen kann man nun ebenfalls zwei Haupttypen unterscheiden, nämlich solche ohne einen besonderen Antriebhebel (Handhebel) und solche mit einem Antriebhebel. Das Fehlen oder das Vorhandensein des Antriebhebels ergibt grundsätzliche Verschiedenheiten im Bau und in der Arbeitsweise. Bei den Addiermaschinen ohne Antriebhebel (gewöhnlich auch ohne Druckwerk, wie z. B. Comptator, Comptometer, Calculator) wird der zu addierende Posten, wie bei der Schreibmaschine, durch Niederdrücken von Tasten, Hebeln oder anderen Einstellorganen in die Maschine eingeführt und dabei auch gleichzeitig auf das Zählwerk übertragen. Einstellung und Übertragung fallen zusammen. Bei den Addiermaschinen mit Antriebhebel (gewöhnlich auch mit Druckwerk, wie z. B. Burroughs-Addiermaschine, Continental-Addiermaschine) dagegen zerfällt jede Addition eines Postens in zwei scharf getrennte Stufen. Zuerst wird nur der Posten im Einstellwerk eingestellt, in der Regel durch Tasten. Alsdann muß der Antriebhebel einmal hin- und herbewegt werden, um den eingestellten Posten auf das Zählwerk zu übertragen. Statt des Antriebhebels ist bei manchen Maschinen ein Elektromotor vorgesehen. Man muß dann, statt den Antriebhebel umzulegen, auf die Motoreinrücktaste drücken.

Die genannten beiden Hauptgruppen der Addiermaschinen zerfallen nun wieder nach der Art der Einstellung in verschiedene Untergruppen, nämlich in Maschinen mit Tasteneinstellung, die am meisten verbreitet und ihrerseits wiederum in Volltastatur- und Zehntastenmaschinen zu unterscheiden sind; ferner in Maschinen mit Stift-, Hebel-, Zahnstangen-, Schieber- und Ketteneinstellung.

Einteilung der Rechenmaschinen (Multipliziermaschinen). Bei den Rechen- oder Multipliziermaschinen muß man ebenfalls zwei Hauptgruppen unterscheiden, nämlich erstens solche, bei denen die Multiplikation noch ebenso wie bei den Addiermaschinen durch wiederholte Addition ausgeführt wird, und zweitens solche, bei denen die Produkte unmittelbar in der Maschine durch besondere Körper gebildet werden. Die erste Hauptgruppe, bis jetzt bei weitem am meisten gebräuchlich, könnte man als Rechenmaschinen nach dem Additionsprinzip bezeichnen. Die Antriebkurbel, welche hier an die Stelle des Antriebhebels der Addiermaschine tritt, muß bei jeder Multiplikation (von später zu besprechenden Ausnahmen abgesehen) so oft herumgedreht werden, als dabei einzelne Additionen ausgeführt werden, also z. B. bei einer Multiplikation mit dem Multiplikator 5 fünfmal. Die zweite Hauptgruppe könnte man als Rechenmaschinen nach dem Multiplikationsprinzip bezeichnen. Man nennt sie hin und wieder auch reine Multipliziermaschinen. Die Antriebkurbel oder der Antriebhebel braucht bei ihnen für jede Multiplikatorzahl nur einmal umgedreht zu werden.

Der ersten Hauptgruppe − nach dem Additionsprinzip arbeitend − gehören die drei weit verbreiteten Untergruppen der Sprossenradmaschinen (Odhner-Maschinen), der Staffelwalzenmaschinen (Thomas-Maschinen) und der Mercedes-Maschinen an.

Bei der zweiten Hauptgruppe – nach dem Multiplikationsprinzip arbeitend –, die bis jetzt weniger verbreitet ist, kann man je nach der Art der Produktbildung ebenfalls mehrere Untergruppen unterscheiden. Am gebräuchlichsten ist bis jetzt die Produktbildung durch Einmaleinskörper gewesen. Den Maschinen mit Einmaleinskörpern gehört die unter der Bezeichnung „Millionär" bekannte Steigersche Maschine an. Die übrigen reinen Multipliziermaschinen, wie z. B. die Maschine von Prof. Selling, haben eine größere praktische Bedeutung bis jetzt nicht gewonnen.

Die für bestimmte Spezialzwecke gebauten Rechenmaschinen, wie z. B. die Maschinen zur Lösung von Gleichungen, können, des beschränkten Raumes wegen und weil sie von geringerer praktischer Bedeutung sind, hier nicht besprochen werden. Dagegen müssen die in den letzten Jahren eingeführten Schreibrechenmaschinen (Schreibmaschinen mit Rechenwerk) behandelt werden, eine Kombination von Schreibmaschine und Rechenmaschine. Man kann mit diesen neuen Maschinen wie mit der Schreibmaschine Buchstaben- und Zahlenschrift schreiben. Dabei werden die geschriebenen Zahlen zugleich in einem Zählwerk addiert oder subtrahiert. Die Maschinen sind also für gewisse kaufmännische Zwecke, wie z. B. für das Schreiben von Rechnungen, besonders geeignet.

5. DIE ADDIERMASCHINEN OHNE HANDHEBEL- ODER MOTORANTRIEB (OHNE DRUCKWERK)

Bei den Addiermaschinen o h n e Handhebel- oder Motorantrieb wird der zu addierende Posten durch das Niederdrücken der Tasten oder das Verstellen der sonstigen Einstellorgane in die Maschine eingeführt und auch sofort auf das Zählwerk übertragen. Sie arbeiten also einfacher und schneller als die im sechsten Kapitel zu beschreibenden Addiermaschinen m i t Handhebelantrieb, bei denen nach dem Einstellen der Tasten jedesmal erst der Antriebhebel umgelegt werden muß, um den eingestellten Summanden auf das Zählwerk zu übertragen. Bei den Addiermaschinen ohne Antriebhebel fallen, wie im folgenden ausführlich erläutert, Einstellung und Übertragung (Antriebbewegung) zusammen; man bezeichnet sie daher manchmal auch als direkt wirkende Addiermaschinen. Diese Maschinen besitzen im Gegensatze zu den Addiermaschinen mit Antriebhebel in der Regel kein Druckwerk.

Die Addiermaschinen mit Stifteinstellung. Die einfachsten Addiermaschinen sind, wie bereits im vorigen Kapitel ausgeführt wurde, die

Maschinen mit Stifteinstellung, die keine besondere Antriebvorrichtung besitzen, sondern eigentlich nur aus einem Zählwerk bestehen, dessen Zahlenscheiben unmittelbar durch die Hand des Rechners gedreht werden. Eine derartige Maschine ist in Abb. 11 dargestellt.

Die Maschine ähnelt der im ersten Kapitel besprochenen, in Abb. 4 dargestellten Rechenscheibe. In einem viereckigen Kasten liegen nebeneinander unter einem Deckblech fünf Zahlenscheiben a. In der Zeichnung ist das Deckblech rechts weggebrochen dargestellt, so daß die Zahlenscheiben sichtbar werden. Die ganz rechts liegende Zahlenscheibe für die Einer ist ebenfalls weggebrochen, ebenso teilweise die Zehnerscheibe, um die darunter liegenden Teile der Zehnerübertragung zu veranschaulichen. Von den Ziffern der Zahlenscheiben erscheint jeweils eine unter den viereckigen Ausbuchtungen b der kreisförmigen Durchbrechungen c des Deckblechs, die hier also an die Stelle der sonst meist üblichen runden Schaulöcher treten.

Es steht immer genau eine Zahl in der Mitte der Schauöffnung b. Zwischenstellungen sind nicht möglich; denn eine Blattfeder d preßt sich in die Zahnlücken eines mit jeder Zahlenscheibe fest verbundenen Zahnrades e und zwingt so das Zahnrad und die Zahlenscheibe, immer um je eine volle Zahl ruckweise weiterzuspringen. Der Antrieb erfolgt wie bei der Rechenscheibe durch einen spitzen Stift, den der Rechner in der Hand hält. Am Rande jedes kreisförmigen Deckelausschnittes c entlang ist eine feststehende Einstellskala mit den Zahlen von 0 bis 9 aufgetragen. Jede Zahlenscheibe ist mit zehn Vertiefungen h versehen, und zwar liegt jeder Zahl der Einstellskala je eine Vertiefung gegenüber. Hat man nun beispielsweise die Zahl 5480 zu addieren, so setzt man zunächst den Rechenstift, wie in der Zeichnung angedeutet, gegenüber der Zahl 5 in der Tausenderstelle

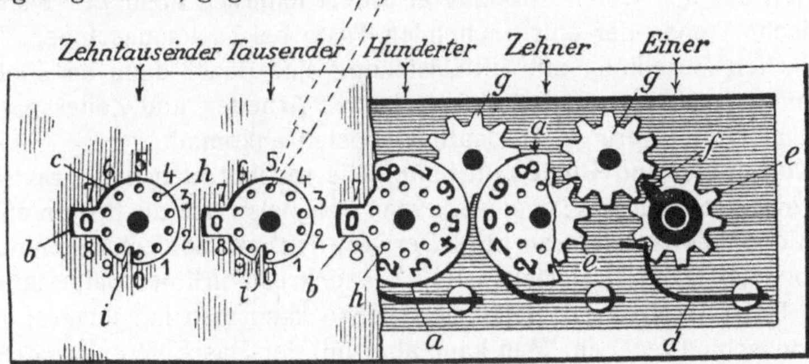

Abb. 11. Addiermaschine mit Stifteinstellung.

in die Vertiefung der Zahlenscheibe ein und bewegt den Stift am Rande des kreisförmigen Ausschnittes entlang im Uhrzeigersinne herum, bis er an den festen Vorsprung *i* anstößt. Man hat damit die Tausenderscheibe um 5 Einheiten weiter gedreht und die Zahl 5000 addiert. In entsprechender Weise wird die Zahl 4 in der Hunderterstelle und die Zahl 8 in der Zehnerstelle eingeführt. Die Null wird nicht berücksichtigt.

Abb. 11 veranschaulicht zugleich schematisch die e i n f a c h s t e A r t d e r Z e h n e r ü b e r t r a g u n g. Wenn die Zahlenscheibe der Einerstelle von 9 auf 0 springt, greift ein mit dieser Zahlenscheibe fest verbundener, unter ihr liegender Daumen oder Zahn *f* in das Zwischenzahnrad *g* ein und dreht es um einen Zahn weiter. Das Zwischenrad *g* greift seinerseits in das mit der Zehnerzahlenscheibe fest verbundene Zahnrad *e* ein. Somit dreht sich auch das letztere um 1 Zahn und die Zehnerzahlenscheibe springt ebenfalls um 1 Ziffer weiter vor. Ebensolche Zehnerschaltorgane sind natürlich auch zwischen der Zehner- und Hunderterscheibe und zwischen allen übrigen Zahlenscheiben angeordnet. Wenn demnach z. B. zu der Zahl 999 die Zahl 1 zu addieren ist, wird nicht allein zwischen der Einer- und Zehnerzahlenscheibe eine Zehnerübertragung stattfinden, sondern auch zwischen der Zehner- und Hunderterscheibe und zwischen dieser und der Tausenderscheibe, da sich die Zehner- und die Hunderterscheibe infolge des von der nächst niedrigeren Zahlenscheibe empfangenen Zehners ebenfalls von 9 auf 0 drehen. Eine solche über mehrere Zahlenstellen hinweg sich erstreckende Zehnerübertragung nennt man eine f o r t - l a u f e n d e. Wir werden darüber im folgenden noch zu sprechen haben.

Das Einsetzen des Rechenstiftes und das Herumfahren bis zum Auftreffen auf den festen Anschlag erfordert natürlich mehr Zeit als das einfache Tippen der entsprechenden Taste bei Tastenmaschinen. Die einfachen Maschinen mit Stifteinstellung sind daher dann am Platze, wenn es weniger auf möglichst rasches Arbeiten und Zeitersparnis und mehr auf geringe Anschaffungskosten ankommt.

Kolonnen- und Postenaddition. Wie rechnet man nun praktisch mit einer solchen Maschine, wenn man beispielsweise die Posten eines Kontobuches zu addieren hat? Der Kopfrechner addiert bekanntlich kolonnenweise, d. h. zunächst alle in der senkrechten Einerspalte stehenden Einer, dann die Zehner usw. Ebenso kann man mit unserer Addiermaschine rechnen. Man kann aber mit der Maschine auch postenweise rechnen, d. h. den gesamten, in einer wagerechten Zeile stehen-

den Posten einstellen (also bei dem nebenstehenden Beispiele 4 auf
der Tausenderzahlenscheibe, 8 auf der Hunderterscheibe, 6 auf
der Zehnerscheibe, 5 auf der Einerscheibe) und dann zum
nächsten Posten weitergehen. Im allgemeinen wird beim Maschinenrechnen dem Postenrechnen der Vorzug gegeben.

  Beim Kolonnenaddieren gibt es besondere Hilfsmittel, die
das Arbeiten unterstützen und abkürzen. So kann man z. B.,
wie es auch der geübte Kopfrechner tun würde, immer mehrere einzelne Zahlen überfliegen, im Kopfe zusammenaddieren
und dann gleich ihre Summe in die Maschine einführen. Bei unserem
Zahlenbeispiel würde man z. B. $5 + 2 = 7$ im Kopfe addieren (was
wohl jeder Rechner ziemlich mechanisch ausführt) und durch Einsetzen
des Stiftes bei der Zahl 7 in die Maschine einführen; ebenso statt
der Zahlen 6, 1, 1 gleich 8 einführen.

  Beim Postenaddieren kann man die Maschine auf die Zahlen des Kontobuches legen, wie in Abb. 13 angedeutet, und dann schrittweise von
Posten zu Posten damit weiterrücken, indem man immer den jeweils
unmittelbar oberhalb der oberen Kante der Maschine stehenden Posten addiert. So hat man eine gewisse Kontrolle darüber, wie weit
man die Zahlen bereits addiert hat.

Rechnungskontrolle. Eine gewisse Aufmerksamkeit ist allerdings
beim Maschinenrechnen immer erforderlich. Es wird auch immer vorkommen, daß man sich im Augenblicke nicht klar darüber ist, ob man
die gerade zu addierende Zahl bereits in die Maschine eingeführt hat
oder noch nicht. Wenn man sich hierin irrt, kann es vorkommen, daß
die betreffende Zahl versehentlich entweder ganz ausgelassen oder
zweimal statt einmal addiert wird. Eine Kontrolle hierüber bietet die
im vorstehenden besprochene Maschine gemäß Abb. 11 nicht. Will
man ganz sicher gehen, daß man richtig gerechnet hat, so muß man
bei dieser Maschine die Rechnung, wie es auch der Kopfrechner tut,
zweimal, etwa in verschiedener Reihenfolge, ausführen. Ergeben sich
hierbei Abweichungen im Resultat, so wird nichts übrig bleiben, als
die Rechnung auch noch ein drittes Mal auszuführen, wie man es ja
eben beim Kopfrechnen auch machen muß. Diese Notwendigkeit wird
natürlich bei einem mechanischen Rechenhilfsmittel als sehr unbequem
empfunden.

  Die Maschinenkonstrukteure haben sich daher bestrebt, auf die eine
oder andere Weise eine Kontrolle über die richtige Ausführung der
Rechnung zu schaffen. Wir werden im folgenden sehen, wie verschiedene Wege man hierzu einschlagen kann. Im Prinzip laufen die

Einrichtungen darauf hinaus, den eingestellten Posten entweder vor der endgültigen Übertragung auf das Zählwerk noch einmal zu kontrollieren oder aber nach Beendigung der ganzen Rechnung die in die Maschine eingeführten und auf ein Blatt Papier abgedruckten Posten noch einmal zu vergleichen.

Bei der ersten Methode ist gewöhnlich neben dem Zählwerk, in welchem die Summe (Resultatwerk) erscheint, noch eine zweite Reihe von Zahlenscheiben oder Zahlenrollen vorgesehen, von welchen jeder Posten oder Summand, der in die Maschine eingeführt wird, noch besonders angezeigt wird. Diese Summanden-Anzeigeräder werden in der Regel als Kontrollwerk bezeichnet. Man wirft, ehe man den Posten endgültig auf das Zählwerk überträgt und zur Addition des nächsten Postens übergeht, einen raschen Blick auf das Kontrollwerk, um sich von der richtigen Einstellung zu überzeugen. War die Einstellung fehlerhaft, so muß man sie korrigieren, ehe man den eingestellten Posten auf das Zählwerk überträgt.

Bei der zweiten Methode werden die sämtlichen in die Maschine eingeführten Posten durch ein besonderes Druckwerk untereinander auf einen Papierstreifen abgedruckt. Nach Beendigung der ganzen Rechnung vergleicht man den Maschinenabdruck mit dem Kontobuche oder den sonstigen Rechnungsunterlagen. Ergeben sich Abweichungen, so kann die Rechnung leicht korrigiert werden. Am sichersten wird das Vergleichen von zwei Personen durch Kollationieren (wobei die eine Person vorliest und die andere vergleicht) ausgeführt.

Beide Methoden haben ihre Schwächen. Die erste gewährt, wie ohne weiteres ersichtlich, keine unbedingte Sicherheit gegen eine fehlerhafte Posteneinstellung. Sie vermindert nur die Wahrscheinlichkeit von Fehlern. Die zweite gewährt zwar eine erheblich größere Sicherheit, nimmt aber Zeit und Arbeitskräfte in Anspruch. Außerdem verteuert das Druckwerk die Maschine und kompliziert den Betrieb. Die Maschine wird dadurch auch größer und unhandlicher. Indessen ist namentlich die zweite Methode bei der großen Bedeutung der Rechnungskontrolle immerhin von erheblichem Werte, und Maschinen mit Druckwerk sind mit Recht beliebt und begehrt, ja für gewisse Betriebsverhältnisse unbedingt erforderlich.

Der Wert der ersten Methode, der Rechnungskontrolle durch ein Kontrollwerk, wird von manchen Seiten bestritten. Es wird darauf hingewiesen, daß das Kontrollwerk nur für den Anfänger von Wert sei; der geübte Rechner benutze das Kontrollwerk überhaupt nicht,

das Vergleichen des Kontrollwerkes nach jeder Posteneinstellung erfordere zu viel Zeit, ohne doch Sicherheit zu gewähren.

Einstufige Zehnerübertragung. Sehen wir uns nun die Zehnerübertragung bei unserer einfachen Addiermaschine näher an. Die Zehnerübertragung ist der konstruktiv schwierigste Teil, der nicht bei allen
Maschinen einwandfrei arbeitet. Die Übertragung der Zehner von
einem Zahlenrad auf das unmittelbar daneben liegende bietet ja keine
Schwierigkeiten; wohl aber die durch mehrere Zahlenstellen fortlaufende Übertragung. Angenommen, wir seien bei unserer Addition
bis 19997 gelangt. Wenn ich dann 5 hinzuaddiere, so muß im Zählwerk 20002 erscheinen, es findet also eine vierfache Zehnerübertragung statt.

Wenn ich bei unserer Maschine, die in ihren Schaulöchern die Zahl
19997 zeigen soll, mit dem Stift bei der Ziffer 5 der Einerstelle ein-
setze und die Einerzahlenscheibe nach rechts herumdrehe, so erscheint
im Einerschauloche zunächst statt der 7 eine 8, dann eine 9. Hierbei
bewege ich noch ohne besonderen Widerstand nur eben das Einer-
zahlenrad. In dem Moment aber, wo statt der 9 eine 0 im Schauloche
erscheint, schlägt der Daumen f gegen das Zwischenzahnrad g und
dreht dieses samt dem Zahnrade e und der Zehnerzahlenscheibe um
eine Stelle weiter, also von 9 auf 0. Derselbe Vorgang spielt sich
zwischen der Zehner- und Hunderterscheibe, zwischen der Hunderter-
und Tausenderscheibe und zwischen der Tausender- und Zehntausender-
scheibe ab. Ich habe also plötzlich, statt der Einerzahlenscheibe allein,
noch vier weitere Zahlenscheiben und vier Zwischenzahnräder zu drehen.
Hierzu ist eine erhebliche Kraft erforderlich, da ja außer der Reibung
der Zahnräder auch noch der Widerstand der Sperrfedern d zu überwinden ist. Man bezeichnet diese Erscheinung als die Häufung der
Widerstände bei der Zehnerübertragung. Sie wird sich natürlich um
so mehr bemerkbar machen, je mehr Zahlenstellen die Maschine besitzt, je weniger sorgfältig sie gebaut und in Stand gehalten ist. Infolge der plötzlichen Häufung der Widerstände und des plötzlichen
Nachlassens des Widerstandes nach der Übertragung des Zehners
wird der Antrieb der Einerscheibe durch den Stift ruckweise statt gleichmäßig vor sich gehen. Es können auch Zähne der Zahnräder oder
andere feinere Konstruktionsteile dabei abbrechen, wenn sie nicht genügend kräftig ausgebildet sind.

Noch ein anderer Umstand kommt hinzu. Zwischen den Zähnen
der verschiedenen Zahnräder ist stets etwas freies Spiel vorhanden.
Die Zähne greifen, da sich mathematisch genau ineinandergreifende

3*

Verzahnungen nicht herstellen lassen, mit etwas Zwischenraum ineinander; das Einerrad muß sich infolge dieses freien Spieles oder, wie der Techniker sagt, dieses toten Ganges, erst um einen gewissen, wenn auch kleinen Winkel drehen, ehe das Zehnerrad von der Bewegung ergriffen wird. Der tote Gang summiert sich natürlich bei dem fortlaufenden Ineinandergreifen der Zahnräder und Zahndaumen; das Zahlenrad der Tausenderstelle wird also erst anfangen, sich zu drehen, wenn das Einerrad sich schon um einen größeren Winkel gedreht hat. Die Folge davon ist, daß die Zahnräder der höheren Stellen, z. B. bei einer Addition 999 999 $+$ 1 überhaupt nicht mehr von der ja nur in der Einerstelle zugeführten Bewegung ergriffen werden und daher stecken bleiben, statt sich ebenfalls um eine Zahl weiterzudrehen. Man muß dann in den höheren Zahlenstellen mit dem Rechenstift etwas nachhelfen, um die Maschine wieder in Ordnung zu bringen. Die Kapazität oder Stellenzahl der Maschine ist aus diesem Grunde bei dieser Art der Zehnerübertragung, die man als einstufig (oder einphasig) bezeichnen kann, weil die fortlaufende Übertragung in einer einzigen Bewegung durch alle Zahlenscheiben hindurch läuft, mehr oder weniger beschränkt.

Zehnerschaltprobe. Man hat nun in der neueren Zeit gelernt, die Mängel der einstufigen Zehnerübertragung ganz oder zum Teil zu beseitigen. Indessen ist es doch angebracht, bei einer neuen Maschine das Verhalten der Zehnerübertragung zu prüfen. Man macht zu diesem Zwecke die sog. Zehnerschalt- oder Zehnerprobe, d. h. man stellt sämtliche Zahnräder auf 9 ein und addiert in der Einerstelle eine 1 oder eine 2. Bei einer einwandfrei arbeitenden Maschine muß die Zehnerschaltung ohne besonders großen Kraftaufwand des Rechners durch alle Zahlenstellen des Zählwerkes hindurchlaufen.

Auf die technischen Einzelheiten der neueren einstufigen Zehnerschaltungen kann hier nicht eingegangen werden. Es sei nur kurz angedeutet, welchen Weg man z. B. bei der Comptometer-Maschine eingeschlagen und wie man die Aufgabe dort gelöst hat. Dort wird die Zehnerschaltarbeit nicht, wie bei der Maschine nach Abb. 11, durch die Hand des Rechners, sondern durch eine jedem Zahlen- oder Zählwerkrade zugeordnete Feder geleistet. Diese Feder wird allmählich gespannt, während sich das Zahlenrad von 0 auf 9 bewegt. Wenn sich das Zahlenrad aber von 9 auf 0 dreht, wird die gespannte Feder durch Freigabe ihrer Halteklinke ausgelöst. Sie treibt dann das Zahlenrad der nächst höheren Zahlenstelle um eine Ziffer weiter vor. Sollte dieses zweite Rad gerade auf 9 stehen und sich infolgedessen von 9 auf 0 bewegen, so wird auch die Feder dieses zweiten Rades ausgelöst, die ihrerseits das dritte Rad um eine Ziffer weiterdreht usw. Der Rechner gibt hier also nur den Anstoß zur Auslösung der Feder des ersten Zahlenrades, die Zehnerschaltung läuft dann von selbst und ohne jeden Kraftaufwand des Rechners absatzweise von Zahlenrad zu Zahlenrad.

Zweistufige Zehnerschaltung. Bei den Addiermaschinen mit Handhebel und bei den Rechenmaschinen (Multipliziermaschinen) ist die Zehnerschaltung komplizierter. Der Zehnerschaltvorgang zerfällt in der Regel in zwei Stufen, nämlich in Vorbereitung und Vollendung. Wenn sich irgendein Zahlenrad von 9 auf 0 bewegt, verschiebt es nur ein zugeordnetes Zehnerschaltorgan aus der unwirksamen in die wirksame oder Arbeitsstellung, ohne das nächsthöhere Zahlenrad zunächst irgendwie zu beeinflussen. Hierzu ist ein besonderer Kraftaufwand des Rechners nicht erforderlich; die bei der einstufigen Zehnerübertragung auftretenden Schwierigkeiten, wie z. B. die Häufung der Widerstände, kommen also nicht in Betracht. Mit der Verschiebung des Zehnerschaltorganes in die wirksame Stellung ist die erste Stufe, die Vorbereitung der Zehnerschaltung, beendet.

Während der Drehung des Handhebels oder der Handkurbel bewegen sich nun andere Zehnerschaltorgane vor. Treffen diese auf die vorher in die wirksame Stellung gebrachten Organe, so werden sie durch diese abgelenkt, so daß sie mit dem Zahlenrad höherer Ordnung in Eingriff kommen und dieses um eine Ziffer weiter drehen. Damit ist die zweite Stufe, die Vollendung der Zehnerschaltung, vollzogen. Die zweistufigen Zehnerschaltungen arbeiten fast ausnahmslos gut und richtig, wenigstens bei normaler Handhabung. Man prüft nur, ob die Zehnerschaltung auch bei schneller Handkurbelbewegung richtig arbeitet.

Subtraktion durch Addition der Komplementzahl. Ehe wir uns den Ausführungsbeispielen zuwenden, ist noch zu besprechen, wie man mit einer Addiermaschine einfachster Art, wie sie in Abb. 11 dargestellt ist, subtrahieren und multiplizieren kann. Man kann jede Subtraktion dadurch in eine Addition verwandeln, daß man, anstatt den Subtrahenden zu subtrahieren, das Komplement (die dekadische Ergänzung) des Subtrahenden addiert. Die Methode beruht auf der folgenden einfachen Überlegung. Angenommen es sei zu subtrahieren $456 - 235$, so kann man dafür auch setzen $456 + 1000 - 235 - 1000$, oder, wenn man die beiden mittleren Werte $1000 - 235 = 765$ zusammenfaßt, $456 + 765 - 1000$. Die Addition $456 + 765$ ergibt 1221.

Man braucht hiervon nur die vorderste 1 abzustreichen (d. h. also 1000 zu subtrahieren), so erhält man die richtige Differenz 221. Man erhält also die Differenz auf additivem Wege, indem man, statt 235 zu subtrahieren, 765 addiert. Die Zahl 765 wird als Komplement der Zahl 235 bezeichnet.

Die Bildung und Anwendung des Komplimentes ist jedem geübten Maschinenrechner geläufig. Man erhält das Komplement einer Zahl, indem man die Zahl zu derjenigen Potenz von 10 ergänzt, deren Exponent gleich der Stellenzahl der Zahl ist. In der Praxis findet man das Komplement rasch und einfach, indem man in jeder Dezimalstelle die Ergänzung der dort stehenden Zahl 9 bildet, mit Ausnahme der Einerstelle, wo die Zahl zu 10 zu ergänzen ist.

Allerdings ist hierbei, wie wir sahen, zu beachten, daß die erste 1 des Resultates abgestrichen werden muß. Das kann leicht vergessen werden und Fehler zur Folge haben. Es ist daher sicherer, wenn der Rechner sich daran gewöhnt, den Subtrahenden, statt ihn zu derjenigen Zahl zu ergänzen, deren Exponent gleich der Stellenzahl des Subtrahenden ist, zu derjenigen Zahl zu ergänzen, deren Exponent gleich der Stellenzahl der Maschine ist. Wenn wir beispielsweise die in Abb. 11 dargestellte, fünfstellige Maschine benutzen, wäre nach dieser letzteren Methode das Komplement zu $10^5 = 100\,000$ zu bilden; bei unserem Beispiel $456 - 235$ wäre das Komplement gleich $100\,000 - 235 = 99\,765$. Die Addition $456 + 99\,765$ ergibt $100\,221$. Diese Zahl würde auch von der Maschine angezeigt werden, wenn sie 6 Stellen hätte; da sie aber nur 5 Stellen hat, zeigt sie nur 00221 an, ergibt also die richtige Differenz 221. Der Abstrich der 1 ist bei dieser Methode nicht erforderlich.

Welche der beiden Methoden man aber auch anwenden mag, eine erhöhte Aufmerksamkeit seitens des Rechners ist in jedem Falle erforderlich, selbst wenn besondere Einrichtungen vorhanden sind, welche die Bildung des Komplementes erleichtern und die Wahrscheinlichkeit von Fehlern verringern.[1]

Multiplikation durch wiederholte Addition. Man kann mit jeder Addiermaschine, wie schon bemerkt wurde, auch multiplizieren, da jede Multiplikation nur eine wiederholte Addition ist. Eine Multiplikation 53×24 z. B. würde auf additivem Wege durch die Addition $530 + 530 + 53 + 53 + 53 + 53$ oder $3 + 3 + 3 + 3 + 50 + 50 + 50 + 50 + 30 + 30 + 500 + 500$ zu lösen sein. Wenn die Multiplikation

---

1) Solche Einrichtungen, in der Regel neben den Einstellzahlen stehende kleinere Komplementzahlen, sind z. B. auf S. 35, 43 angegeben.

nach der letzteren Methode in eine Einzeladdition von 12 Zahlen aufgelöst werden muß, ist sie, wie ohne weiteres ersichtlich, zu kompliziert und zeitraubend, um für die Praxis in Betracht zu kommen. Anders steht es mit der ersten Methode, die beispielsweise bei der „Calculator"-Tastenmaschine angewendet wird. Dort kann man die Posten 53 und 530, wie wir später sehen werden, durch gleichzeitiges Tippen der Tasten 5 und 3 einführen. Derartige Maschinen eignen sich recht gut auch für die Multiplikation. Die Addiermaschinen sind indessen in erster Linie für die Addition bestimmt.

Multiplikation nach der Einmaleinsmethode. Man kann die Multiplikation mit der Addiermaschine dadurch wesentlich abkürzen, daß man die einzelnen Teilprodukte des kleinen Einmaleins im Kopfe ausrechnet und dann in die Maschine einführt. Es sei zu berechnen 76 $\times$ 89. Man multipliziert zunächst im Kopfe $9 \times 6 = 54$. Man führt 4 in der Einerstelle und 5 in der Zehnerstelle in die Maschine ein. Sodann $9 \times 7 = 63$. Man führt 3 in der Zehnerstelle und 6 in der Hunderterstelle ein. Dann folgt die Multiplikation mit 8 und die entsprechende Einführung der Teilprodukte in die Maschine unter steter Berücksichtigung der Stellenverschiebung. Die Maschine führt also hier nur die Addition der Teilprodukte aus.

Die Methode kürzt das Verfahren zwar ab, aber sie erfordert auch die geistige Mitarbeit des Rechners und seine beständige Aufmerksamkeit bei der Stellenverschiebung. Wenn nun auch das Einmaleins bei uns jedermann geläufig ist, so ist doch ohne weiteres ersichtlich, daß diese Methode die Wahrscheinlichkeit von Fehlern in sich schließt, ohne doch den Rechner von der Kopfarbeit zu entlasten, daß sie also nur als Notbehelf angesehen werden kann.

Addiermaschine mit Stifteinstellung von Michel Baum. Als praktisches Ausführungsbeispiel für eine Addiermaschine mit Stifteinstellung ist in Abb. 12 eine Maschine von Michel Baum in München dargestellt. Die Maschine ist flach und linealförmig, kann auf das Kontobuch aufgelegt und, wie auf Seite 27 besprochen, von Posten zu Posten verschoben werden. Sie ist so klein und leicht, daß sie bequem in der Tasche getragen werden kann.

Addition: Die Abbildung zeigt, wie die Maschine vom Rechner erfaßt und wie der Rechenstift in den halbkreisförmigen Einstellschlitz der Tausenderstelle eingesetzt wird, wenn die Zahl 6000 zu addieren ist. Man führt den Stift im Kreise herum, bis er an das untere Ende des Einstellschlitzes anschlägt. Es kann nach Belieben kolonnenweise

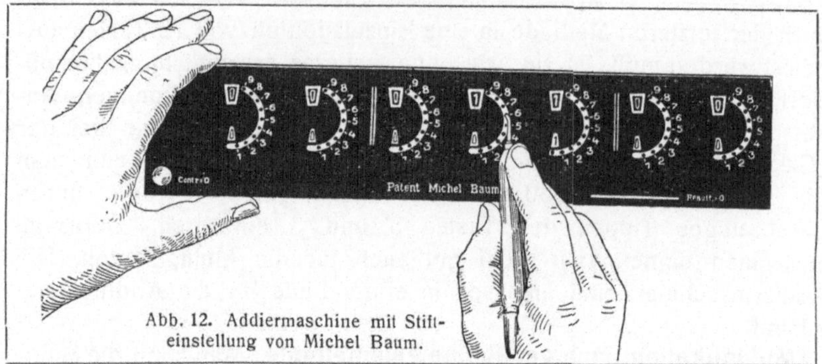

Abb. 12. Addiermaschine mit Stifteinstellung von Michel Baum.

oder postenweise addiert werden. Das Resultat erscheint in der Reihe
der oberen großen Schauöffnungen (1100 in der Zeichnung).

In der Reihe der unteren kleinen Schauöffnungen erscheinen die
Zahlen eines Kontrollwerkes (100 in der Zeichnung). Die Einrichtung
des Kontrollwerkes ist die folgende. In jeder Dezimalstelle liegt nicht,
wie bei Abb. 11, nur eine einzige Zahlenscheibe, sondern es liegen
immer je zwei genau übereinander. Die Zahlen der unteren Zahlenscheiben (für die Summe) werden aber nicht etwa durch die oberen
Zahlenscheiben (für den Summanden) verdeckt, sondern sind infolge
einer eigenartigen Konstruktion durch Aussparungen der oberen Zahlenscheiben hindurch sichtbar und erscheinen in der oberen Schaulochreihe. Beide Zahlenscheiben werden, da auch ihre Einstecklöcher
genau übereinanderliegen, bei der Einstellung eines Postens zugleich
vom Einstellstift erfaßt und gedreht. Während aber die Zahlenscheiben des Summen-Zählwerkes, wie üblich, nach jeder Einstellung eines
Postens ihre Stellung beibehalten, werden die Zahlenscheiben des
Summanden-Kontrollwerkes nach jeder Posteneinstellung in die Nullstellung zurückgebracht. Man braucht zu diesem Zwecke nur auf den in
der linken, unteren Ecke sichtbaren mit „Contr. = 0" bezeichneten
Knopf zu drücken, die Kontrollscheiben springen dann unter der Einwirkung von Federn sofort in ihre Nullstellung zurück. Die Folge hiervon ist, daß sich in den oberen Schauöffnungen des Summen-Zählwerkes in der üblichen Weise der zuletzt eingestellte Posten zu der
von vorhin stehengebliebenen Summe hinzuaddiert, während in den
unteren Schauöffnungen des Summanden-Kontrollwerkes immer nur
der zuletzt eingeführte Einzelposten sichtbar wird. Ehe man zu der
Addition des nächsten Postens übergeht, wirft man einen raschen
Blick auf das Kontrollwerk. War der Posten richtig eingestellt, so
löscht man ihn in der angegebenen Weise durch einen Druck auf den

Nullstellknopf aus und addiert weiter. War er falsch eingestellt, so muß man die Einstellung korrigieren. Hat man z. B. statt 56 versehentlich 46 eingestellt, so dreht man die Zahlenscheiben der Zehnerstelle einfach um 1 Zahl weiter vor. Hatte man versehentlich eine größere Zahl, also z. B. 76, eingestellt, so dreht man die Zahlenscheiben um 2 Zahlen zurück.

Subtraktion: Die Subtraktion wird nach der auf S. 32 eingehend besprochenen Methode der Komplementzahlen ausgeführt. Um nun dem Rechner die Kopfarbeit der Bildung der

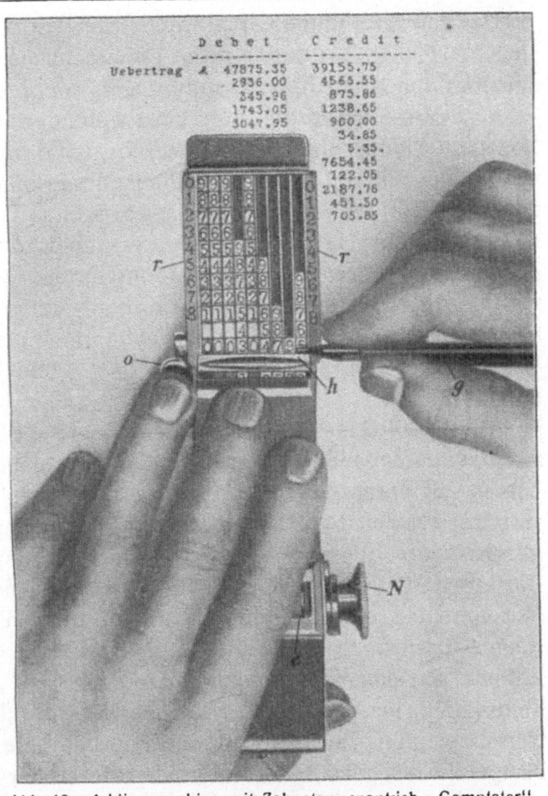

Abb. 13. Addiermaschine mit Zahnstangenantrieb „Comptator".

Komplemente zu ersparen, fügt Baum seiner Maschine eine besondere Subtraktionsplatte bei. Diese Platte wird, wenn man subtrahieren will, so auf die Maschine aufgelegt, daß die neben den Einstellschlitzen stehenden Additions-Einstellzahlen verdeckt werden und an ihre Stelle die auf der Subtraktionsplatte aufgetragenen Subtraktions-Einstellzahlen treten, welche das Komplement der Additions-Einstellzahlen darstellen.

Addiermaschine mit Zahnstangenantrieb „Comptator". Als Beispiel für eine Maschine mit Zahnstangenantrieb ist in den Abb. 13 und 14 die Addiermaschine „Comptator" von Hans Sabielny in Dresden dargestellt. Abb. 13 zeigt eine Ansicht von oben der auf das Kontobuch aufgelegten Maschine und veranschaulicht zugleich, wie die Maschine vom Rechner erfaßt und wie der Rechenstift eingesetzt wird. Abb. 14 ist ein Querschnitt durch die Maschine und zeigt schematisch die Anordnung der inneren Teile.

Das Zählwerk ähnelt einem Rollenzählwerk. Indessen sind die Zahlen abweichend von der meist gebräuchlichen Anordnung nicht auf dem Umfang von Rollen, sondern auf den breiten Zahnflächen der Zahnräder a angeordnet, die nebeneinander auf einer quer durch die Maschine hindurchlaufenden Welle b lose drehbar aufsitzen. Durch den Schauschlitz c können die Zahlen abgelesen werden, wie in Abb. 14 durch einen Pfeil angedeutet ist. In Abb. 13 ist die Schauöffnung durch die linke Hand des Rechners zum größten Teil verdeckt. Dagegen ist rechts von der Schauöffnung der gerändelte Knopf N zu sehen, den man einmal herumzudrehen hat, um die sämtlichen Zahlenräder auf 0 zu stellen. Die drehbaren Sperrklinken d, die durch Blattfedern e angepreßt werden, halten die Zahlenräder in ihrer Stellung fest.

Addition: Das Einstellwerk, hier zugleich das Antriebwerk, besteht aus 9 nebeneinander liegenden Zahnstangen f. In die oberen Zähne, auf deren Abschrägungen die Einstellzahlen aufgetragen sind, wird der Rechenstift g eingesetzt. Angenommen, es sei der in Abb. 13 oberhalb des oberen Randes der Maschine im Kontobuche stehende Posten 3047,95 zu addieren. Es wird zunächst der Einer 5 in die Maschine eingeführt, indem man den Rechenstift, wie in Abb. 14, Lage I dargestellt, in die die Ziffer 5 zeigende Zahnlücke der Einerzahnstange einsetzt und dann den Stift samt der Zahnstange nach unten zieht, bis er an den Anschlag h anstößt (Lage II). Bei der Vorwärtsbewegung der Zahnstange greifen die unteren Zähne i der Zahnstange in das gezahnte Zahlenrad a der Einerstelle ein und drehen es um 5 Zahlen weiter. Die Zahnstange würde nun beim Abheben des Rechenstiftes unter der Einwirkung ihrer Feder k in die Anfangslage zurückfedern. Daran wird sie aber durch die federnde Sperrklinke l verhindert, deren obere Umbiegung m sich in eine Zahnlücke der Zahnstange einlegt und die letztere festhält. Somit verharrt die Zahnstange in ihrer Lage und die zuletzt addierte Zahl 5 bleibt oberhalb der Anschlagleiste h sichtbar. In entsprechender Weise werden nacheinander die Zahlen 9, 7, 4 und 3 des Postens in den

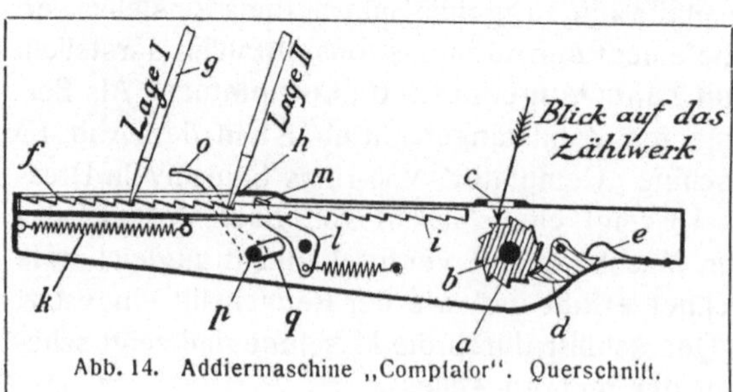

Abb. 14. Addiermaschine „Comptator". Querschnitt.

folgenden Zahlenstellen auf das Zählwerk übertragen. Oberhalb der Leiste ist dann, wie auch aus Abb. 13 zu ersehen, der ganze Posten 3047,95 abzulesen. Man kontrolliert die Einstellung, indem man einen Blick auf die eingestellte Zahl wirft. War die Einstellung falsch, so muß sie richtig gestellt werden. Hätte man z. B. irrtümlich 3046,95 eingestellt, so schiebt man einfach die Hunderterzahnstange um 1 Zahl weiter nach unten, so daß statt der 6 eine 7 über der Leiste erscheint. Hätte man statt der 7 die um 1 höhere Ziffer 8 eingestellt, so addiert man zweckmäßig bei der Einstellung des nächsten Postens eine um 1 niedrigere Ziffer. War die Einstellung richtig, so drückt man mittels des Ringfingers der linken Hand auf den Hebel o. Dabei wird die Welle p gedreht, die auf dieser Welle sitzenden Stifte q heben die Sperrklinken l nach oben aus und die Zahnstangen federn unter Einwirkung ihrer Federn k sämtlich in ihre Anfangslage zurück. Die ganze Maschine wird dann um einen Posten nach unten verschoben und die Addition des neuen Postens kann beginnen.

Subtraktion: Die Subtraktion wird nach der Methode der Komplementzahlen ausgeführt. Zur Erleichterung der Rechnung sehen wir in Abb. 13 auf den beiden seitlichen Randleisten r des Gehäuses die Komplementzahlen aufgetragen.

Multiplikation: 56×23. Die Multiplikation wird in der Regel nach dem schon erklärten Prinzip der wiederholten Addition ausgeführt. Sie wird hier durch eine besondere Einrichtung erleichtert. Man drückt auf einen besonderen, in der Zeichnung nicht dargestellten Knopf und hebt dadurch die Federsperren l ganz aus. Darauf setzt man mit dem Rechenstift bei der Zahl 6 der Einerzahnstange ein und führt die Einerzahnstange mittels des Stiftes schnell dreimal hin- und zurück, d. h. bis zum Anschlag nach unten und bis in die Anfangslage nach oben zurück. Darauf setzt man ebenso bei der Zahl 5 der Zehnerstange ein und fährt dreimal hin und her. Man hat damit die Addition $56 + 56 + 56$ ausgeführt. Nun setzt man bei der Zahl 6 der Zehnerstange ein und fährt zweimal hin und her; alsdann setzt man bei der Zahl 5 der Hunderterstange ein und fährt ebenso zweimal hin und her. Damit ist auch $560 + 560$ addiert und das Produkt erscheint in der Schauöffnung. Die Multiplikation kann natürlich auch nach der Einmaleinsmethode ausgeführt werden.

Die Tastenaddiermaschinen (ohne Handhebel- oder Motorantrieb). In den Abb. 15 und 16 ist schematisch eine Tastenaddiermaschine einfachster Art, und zwar eine Maschine mit mehreren Tastenreihen oder eine sogenannte Maschine mit Volltastatur, dargestellt, um zunächst im allgemeinen die Wirkungsweise und die Eigentümlichkeiten der Tastenmaschinen ohne Antriebhebel zu erklären. Abb. 15 zeigt die Maschine in der Ansicht von oben, Abb. 16 einen Querschnitt. Das Zählwerk ist ein Rollenzählwerk. Auf der quer

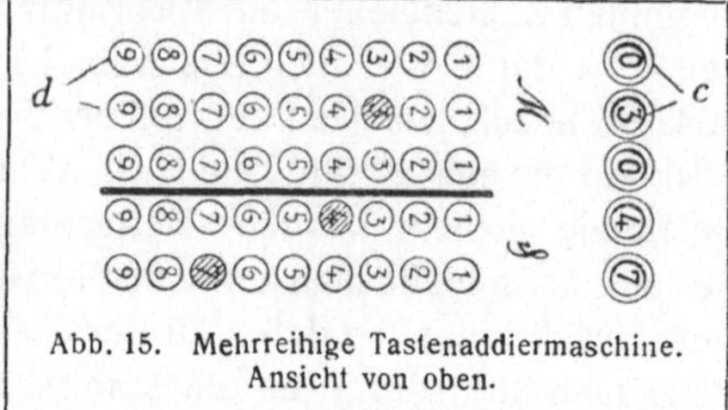

Abb. 15. Mehrreihige Tastenaddiermaschine.
Ansicht von oben.

durch die Maschine hindurchlaufenden Welle a sitzen 5 Rollen b, deren Zahlen durch die Schaulöcher c abzulesen sind. Abweichend von der in Abb. 10 dargestellten gewöhnlichen Anordnung, bei welcher die Zahlenrollen auf dem Umfange nur einmal die Zahlen von 0 bis 9 tragen, sind hier die Zahlen von 0 bis 9 viermal nacheinander angeordnet, wodurch an der Wirkungsweise nichts geändert wird. Die Zehnerübertragung ist der Übersichtlichkeit wegen fortgelassen. Die Einstellung des Summanden, zugleich der Antrieb des Zählwerkes, erfolgt ähnlich wie bei der Schreibmaschine durch Tasten d, welche auf ihren Köpfen die Zahlen von 1 bis 9 tragen. Die am weitesten rechts liegende Reihe ist für die Einer bestimmt, die nächste für die Zehner usw. Damit man sich in den verschiedenen Reihen besser zurechtfindet, sind die Tasten gewöhnlich durch verschiedene Farben voneinander unterschieden; so könnten z. B. die beiden rechtsliegenden Spalten für die Addition der Pfennige schwarz, die drei folgenden für die Addition der Mark weiß gefärbt sein. Oder die Pfennigspalten können von den Markspalten, wie in der Ansicht des Tastenbrettes in Abb. 15 angedeutet ist, durch einen Strich getrennt sein. Wenn man nun z. B. 30 M. 47 Pf. zu addieren hat, drückt man einfach auf die mit den entsprechenden Ziffern versehenen Tasten, die in Abb. 15 durch Schraffierung gekennzeichnet sind. Die Zahl 0 braucht nicht berücksichtigt zu werden. Wie wird nun die Tastenbewegung auf das Zählwerk übertragen? Wir sehen aus Abb. 16, daß die Tasten d auf einem um den Punkt e drehbaren

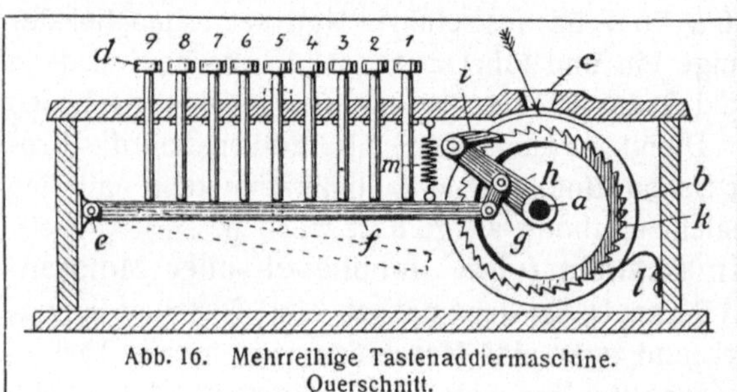

Abb. 16. Mehrreihige Tastenaddiermaschine.
Querschnitt.

Hebel f aufruhen. Drückt man eine der Tasten nieder, z. B. die Taste 5, wie in der Zeichnung durch punktierte Linien angedeutet ist, so schwingt der Hebel f nach unten aus. Er wird dabei mittels des Verbindungsgelenkes g den um die Welle der Zahlenrollen drehbaren Hebel h mitnehmen; die oben am Hebel h angelenkte Klinke i ratscht über die Zähne des fest mit der Zahlenrolle verbundenen Zahnrades k hinweg, ohne dieses Zahnrad zu drehen, da es durch die Blattfeder l an der Drehung verhindert ist. Läßt man die Taste wieder los, so wird der Tastenhebel f durch die vorher gespannte Feder m wieder nach oben gezogen; mit ihm kehren auch die Teile ghi wieder in die Anfangsstellung nach oben zurück. Dabei nimmt die Klinke i das Schaltrad k mit und dreht es um 5 Zähne weiter. Also wird auch die Zahlenrolle um 5 Zahlen weiter geschaltet und die Addition der 5 ist vollzogen.

Man sieht aus der Zeichnung, daß die Taste 9, da sie näher am Drehpunkt des Tastenhebels f angreift, den letzteren um einen ungefähr neunmal größeren Winkel dreht, als die Taste 1. Entsprechend ist auch der Weg der Schaltklinke i und die Drehung der Zahlenrolle beim Drücken der Taste 9 um das neunfache größer als beim Drücken der Taste 1. Man erzielt also bei jedem Tastendrucke eine der Tastenziffer proportionale Drehung der Zahlenrolle.

Es ist ohne weiteres ersichtlich, daß eine solche Tastenmaschine ein erheblich schnelleres und bequemeres Arbeiten ermöglicht, als die Addiermaschinen mit Stift-, Zahnstangen-, Ketten- oder Hebelantrieb. Die Maschine erscheint auch auf den ersten Blick als ziemlich einfach, so daß sich die Frage aufdrängt, warum man neben den Tastenmaschinen überhaupt Maschinen mit anderen Einstellorganen benutzt. Eine nähere Betrachtung unserer Tastenmaschine lehrt aber, daß die Maschine in der einfachen Gestaltung, wie sie die rein schematische Darstellung der Abb. 15 und 16 zeigt, praktisch unbrauchbar wäre und daß eine Reihe komplizierter Einrichtungen hinzukommen muß, um ein richtiges und sicheres Rechnen zu gewährleisten. Diese Betrachtung lehrt auch, welche Punkte zu berücksichtigen sind, wenn man sich über eine Tastenmaschine ein Urteil bilden will. Es darf aber nicht vergessen werden, daß es sich hier immer nur um Addiermaschinen mit direktem Tastenantrieb, d. h. um solche ohne Handhebel- oder Motorantrieb handelt.

Zunächst besteht die Möglichkeit und die Wahrscheinlichkeit, daß der Rechner bei eiligem Arbeiten die Tasten nicht immer vollständig niederdrückt. Bei der Schreibmaschine wäre ein derartiges unvollständiges Niederdrücken der Tasten ohne größere Bedeutung; es würde höchstens ein schwächerer Abdruck oder das Ausbleiben des Abdruckes die Folge sein. Bei unserer Addiermaschine aber würde, wenn auch nur eine einzige Taste unvollständig gedrückt wäre, die gesamte Rechnung fehlerhaft sein. Wenn man z. B. die Taste 4 nur halb niederdrücken würde, so würde auch der Tastenhebel f nur halb soweit nach unten ausschwingen, wie es sein sollte. Infolgedessen würde auch die Schaltklinke i die Zahlenrolle nur um 2 Zahlen statt um 4 weiterdrehen; man hätte fälschlich 2 statt 4 addiert. Es müssen also, wenn man Fehler mit Sicherheit vermeiden will, besondere Einrichtungen vorhanden sein, die das unvollständige Niederdrücken der Tasten verhindern, Einrichtungen, die man in der Technik als Vollhubgesperre bezeichnet.

Bei jeder schnell arbeitenden Rechenmaschine treten ferner unangenehme Massenbewegungen auf, die man in der Rechenmaschinentechnik als „Überschleudern" bezeichnet. Es gehört oft die ganze Kunst des erfahrenen Konstrukteurs dazu, diese unerwünschten Nebenwirkungen zu verhüten. Nehmen wir, um diese Vorgänge klarzustellen, an, daß die Taste 4 vom Rechner in eiliger Arbeit heftig niedergedrückt wird. Die Taste erteilt dem Tastenhebel f einen heftigen Stoß und der Tastenhebel fliegt schnell nach unten. Er sollte sich nur soweit nach unten drehen, daß die Schaltklinke i sich über 4 Zähne hinwegbewegt. Infolge seines Schwunges oder, in der Sprache des Technikers, seiner lebendigen Kraft fliegt er aber weiter, er schleudert über. Die Folge wird sein, daß die Klinke das Zahlenrad beim Rückgange um 5 oder noch mehr Zähne statt um 4 weiterschaltet.

Einer der wichtigsten Punkte aber ist das Verhalten der Zehnerübertragung. Nehmen wir einmal an, es sei bei unserer Maschine eine gewöhnliche einstufige Zehnerübertragung mit Zehnerschalträdern verwendet, wie eine solche auf S. 25 besprochen und in Abb. 11 dargestellt ist. Abgesehen von den dort bereits angegebenen Mängeln der einstufigen Zehnerschaltung, insbesondere bei der fortlaufenden Zehnerübertragung (9999 + 1), wird sich hier ein weiterer Übelstand unangenehm bemerkbar machen. Angenommen, es sei zu der in Abb. 15 in den Schaulöchern stehenden Zahl 3047 zu addieren 23. Was tritt nun ein, wenn wir die Taste 2 in der Zehnerreihe und 3 in der Einerreihe nicht nacheinander, sondern gleichzeitig anschlagen? Das Einerrad wird um 3 Zahlen weitergeschaltet, bewegt sich also von 7 über 8, 9 nach 0. In dem Augenblicke, wo es von 9 auf 0 springt, wird die Zehnerschaltung wirksam. Das Zehnerrad müßte dadurch um

1 weitergedreht werden. Das würde auch richtig vor sich gehen, wenn das Zehnerrad still stände und sich nicht selbst schon drehte. Da aber die Tasten 2 und 3 gleichzeitig gedrückt werden, werden auch die Zahlenrollen in der Zehner- und Einerstelle gleichzeitig in Drehung versetzt. Die Folge wird sein, daß die Zehnerschaltvorrichtung das sich schon von selbst drehende Zehnerrad überhaupt gar nicht erfassen und seinerseits vorwärts drehen kann. Die Zehnerschaltung ist also in diesem Falle völlig unwirksam und es erscheint statt des richtigen Resultates 3047 + 23 = 3070 das falsche Resultat 3060.

Wir sehen hieraus, daß wir bei der in Abb. 15 und 16 dargestellten mehrreihigen Tastenmaschine nur dann ein richtiges Resultat erzielen, wenn wir die Tasten der verschiedenen Zahlenstellen einzeln und nacheinander niederdrücken. Beim praktischen Gebrauch einer solchen Maschine wird es sich aber kaum vermeiden lassen, daß der Rechner auch einmal zwei in verschiedenen Zahlenstellen nebeneinander liegende Tasten gleichzeitig drückt. Jedenfalls muß im Interesse einer schnellen Arbeit von einer guten Maschine gefordert werden, daß sie auch bei gleichzeitigem Tastendruck richtig rechnet. Die einfachen einstufigen Zehnerübertragungen sind also nicht verwendbar. — Aus allen diesen Gründen wird eine mehrreihige Tastenmaschine (es ist hier immer nur von Maschinen ohne Handhebel- oder Motorantrieb die Rede), wenn sie praktisch brauchbar sein soll, ein komplizierter und teurer Mechanismus.

Wesentlich einfacher wird die Sache allerdings, wenn wir auf die Volltastatur mit je einer Tastenreihe für jede Zahlenstelle verzichten und uns mit einer einzigen Tastenreihe mit den Tasten von 1 bis 9 begnügen. Abb. 17 zeigt das Schema einer derartigen einreihigen Tastenmaschine. Wir sehen hier 3 Zahlenrollen r nebeneinander; zwischen ihnen, schematisch angedeutet, die Zehnerschaltungen s. Aber nur die rechts liegende Zahlenrolle der Einerstelle ist mit einem Antriebwerk t versehen. Drücke ich auf eine der 9 Tasten, so wird das Einerrad mittels des Antriebwerkes um eine entsprechende Zahl weitergedreht. Das Zehnerrad dreht sich nur, wenn sich das Einerrad einmal ganz herumgedreht hat und die Zehnerschaltung wirksam wird; ebenso auch das Hunderterrad. Unter einer „Tastenreihe" ist hier und im folgenden

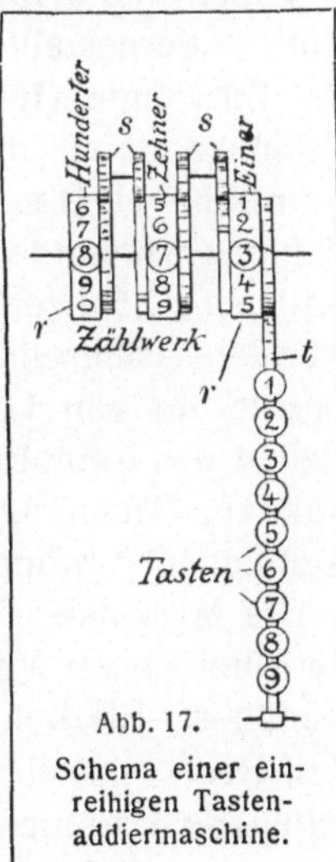

Abb. 17.

Schema einer einreihigen Tastenaddiermaschine.

stets ein Tastensatz mit den Tasten 1 bis 9 zu verstehen; die 9 Tasten sind manchmal der bequemeren Bedienung wegen in 2 oder 3 Reihen angeordnet und können dann „blind" bedient werden, d. h. ohne daß der Rechner den Blick der Tastatur zuwendet.

Man kann mit einer solchen Maschine natürlich nur einstellige Zahlen addieren. Die Maschine ist nur zum Kolonnenrechnen verwendbar, d. h. also zum Addieren der einzelnen senkrechten Kolonnen eines Kontobuches oder dgl. Dafür wird die Maschine aber auch sehr einfach und billig. Die oben angegebenen Konstruktionsschwierigkeiten der Volltastaturmaschine bezüglich der Zehnerschaltung fallen ganz fort. Man rechnet in der Weise, daß man zunächst die Zahlen der Einerkolonne zusammenaddiert. Hat man bei der Addition der Einerkolonne beispielsweise 97 erhalten, so notiert man die 7 am Fuße der Einerkolonne. Alsdann löscht man das Resultat 97 in den Schauöffnungen der Maschine aus und überträgt die Zehner 9 durch Drücken der Taste 9 auf das Einerzählrad. Darauf addiert man die Zahlen der Zehnerspalte hinzu usw.

Addiermaschinen dieser Art sind verschiedentlich in den Verkehr gebracht worden (Adix, Kuli, Heureka u. a.), haben sich aber nicht in größerem Umfange einbürgern können, wahrscheinlich deswegen, weil das Rechnen mit diesen Maschinen gegenüber dem Kopfrechnen keine wesentliche Zeitersparnis bedeutet.

Tastenaddiermaschinen Calculator und Comptometer. Die in Abb. 18 dargestellte, unter dem Namen „Calculator" bekannte Maschine der Burroughs-Gesellschaft (Glogowski & Co. in Berlin) addiert unmittelbar durch das Niederdrücken der Tasten, besitzt also keinen Antriebhebel. Der in der Abbildung an der rechten Seite der Maschine sichtbar werdende Hebel dient nicht zum Antrieb, sondern zum Nullstellen des Zählwerkes (Löschen des Resultates). Das dargestellte Modell weist 9 Tastenreihen auf. Die Tasten jeder Reihe tragen die übliche Bezifferung von 1 bis 9, daneben aber kleinere Ziffern. Die letzeren stellen das Komplement der großen Ziffern dar und werden bei subtraktiven Rechnungen benutzt, die nach der bekannten Methode durch Addition der Komplementzahlen ausgeführt werden (vgl. S. 31).

Die Maschine ist nicht nur für die Addition und Subtraktion, sondern bei einiger Vorsicht auch für die Multiplikation und Division verwendbar. Hierbei bedarf es keiner Schlittenverschiebung wie bei den Rechenmaschinen (Multipliziermaschinen). Die Maschine arbeitet infolgedessen auch bei der Multiplikation sehr schnell und wird deswegen besonders geschätzt.

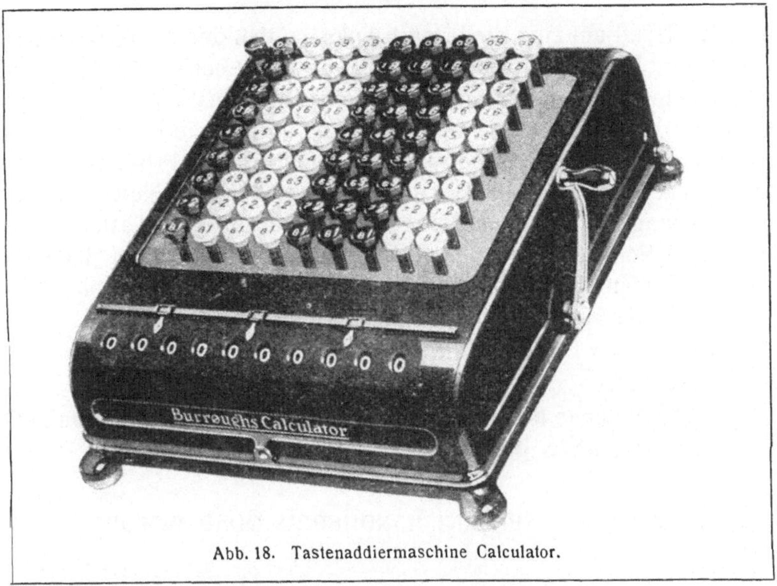

Abb. 18. Tastenaddiermaschine Calculator.

Addition: + 123. Es werden einfach die die entsprechenden großen Ziffern tragenden Tasten niedergedrückt, also die 1 in der Hunderter-, die 2 in der Zehner- und die 3 in der Einerreihe. Die Tasten können nach Belieben entweder nacheinander oder auch sämtlich gleichzeitig in einer einzigen Bewegung herabgedrückt werden. Man muß aber aus den auf S. 40 angegebenen Gründen stets darauf achten, daß die Tasten vollständig herabgedrückt werden.

Subtraktion: — 123. Statt der großen Tastenziffern werden die kleinen benutzt. Indessen ist zu berücksichtigen, daß eine um 1 kleinere Zahl getippt wird, also 122 statt 123. Es ist dies erforderlich, weil wie auf S. 32 erklärt wird, in der Einerstelle das Komplement zu 10 zu bilden ist, während in den höheren Zahlenstellen das Komplement zu 9 zu bilden ist. Ferner müssen links von der Hunderterstelle alle Tasten mit einer kleinen Null (bzw. einer großen Neun) getippt werden. Dies darf nicht vergessen werden, da auch in den Zahlenstellen links vom Subtrahenden das Komplement (zu 0) eingeführt werden muß. In Wirklichkeit wird also, statt 123 zu subtrahieren, 999999877 addiert.

Multiplikation: 123 × 45. Die Tasten 4 in der Zehner- und 5 in der Einerreihe werden mit zwei Fingern gleichzeitig 3 mal schnell hintereinander niedergedrückt (Addition 45 + 45 + 45). Dann rückt man, indem man die Fingerstellung unverändert beibehält, mit der gesamten Hand um eine Stelle nach links, so daß der vorher über der Taste 5 der Einerstelle arbeitende Finger jetzt über die Taste 5 der Zehnerstelle zu liegen kommt, und drückt dann 2 mal nieder (Addition 450 + 450). Alsdann rückt man wiederum um 1 Stelle nach links und drückt 1 mal nieder (Addition 4500). Dann ist das Produkt in der Schaulochreihe abzulesen. Bei gewissen größeren Zahlen wird die Fingerstellung für das gleichzeitige Niederdrücken aller Tasten unter Umständen Schwierigkeiten machen. Man kann sich dann dadurch helfen, daß man den Multiplikanden in zwei getrennte Multiplikanden zerlegt und die Multiplikation in zwei Arbeitsgängen ausführt.

Division. Die Division kann durch wiederholte Subtraktion ausgeführt werden.

Eine sehr ähnliche Maschine wird unter der Bezeichnung „Comptometer" in den Handel gebracht.

6. DIE ADDIERMASCHINEN MIT HANDHEBEL- ODER MOTORANTRIEB (MIT DRUCKWERK)

Unterschiede zwischen Addiermaschinen mit und ohne Handhebel- oder Motorantrieb. Die Addiermaschinen mit Handhebelantrieb unterscheiden sich nicht nur durch ihren ganzen Arbeitsgang, sondern auch schon durch ihr Äußeres wesentlich von den Addiermaschinen ohne Handhebelantrieb. Als Einstellorgan werden fast ausschließlich Tasten verwendet, und zwar gibt es auch hier wieder Maschinen mit mehreren Tastensätzen (mit Volltastatur) und mit nur einem Tastensatz (Zehntastenmaschinen). Aber die Tasten dienen hier — das ist das charakteristische Merkmal dieser Maschinengattung — nur zur Einstellung des Postens, nicht gleichzeitig zum Antrieb des Zählwerkes. Bei den Volltastaturmaschinen bleiben die Tasten, wenn der gesamte Posten eingestellt ist, in ihrer unteren Stellung stehen. Man kann sich dann durch einen Blick auf das Tastenbrett überzeugen, ob richtig eingestellt ist, also eine gewisse Kontrolle ausüben und erforderlichenfalls eine falsche Einstellung noch verbessern (bei den Zehntastenmaschinen ist diese Kontrolle allerdings, wie wir später sehen werden, nicht möglich). Ist die Einstellung richtig, so wird der Handhebel (Antriebhebel) einmal hin- und herbewegt. Dadurch wird der eingestellte Posten mittels des Antriebwerkes auf das Zählwerk übertragen. Der Arbeitsgang ist also zweistufig, im Gegensatz zu dem der einstufig arbeitenden Maschinen ohne Handhebel.

Neuerdings sind die Maschinen auch vielfach statt des Handantriebes mit einem elektrischen Motorantrieb versehen. Sie werden in diesem Falle mittels eines Stechkontaktes an die elektrische Lichtleitung angeschlossen. Der Antriebhebel fällt dann in der Regel ganz weg. Statt dessen ist eine besondere Motoreinrücktaste vorgesehen, die gewöhnlich nach Art der bekannten breiten Spatientasten der Schreibmaschinen ausgebildet ist und seitwärts neben dem Tastenbrett liegt. Ein einfacher Druck auf diese Taste rückt den Motor ein, der Motor dreht die Antriebwelle einmal hin und her und bewirkt die Übertragung des auf den Ziffertasten eingestellten Betrages auf das Zählwerk.

Diese Maschinengruppe ist ferner fast ausnahmslos mit einem Druckwerk (Schreibwerk) versehen. Daher werden die Maschinen in der Praxis vielfach als „schreibende Addiermaschinen" bezeichnet, im Gegensatz zu den gewöhnlich nicht schreibenden Addiermaschinen ohne Antriebhebel. Hinten an der Maschine ist, ähnlich wie bei der Schreibmaschine, eine Papierrolle oder auch ein regelrechter Schreibmaschinen-Papierwagen gelagert. Die addierten Posten werden auf dem Papier in einer Reihe untereinander oder in mehreren Kolonnen nebeneinander abgedruckt. Soll die Summe gezogen werden, so wird auf eine besondere Summentaste gedrückt und dadurch die Summe am Fuße der Postenkolonne abgedruckt. Es leuchtet ohne weiteres ein, daß ein solches Druckwerk für viele Betriebe sehr wertvoll ist. Man kann an der Hand des Druckblattes durch Kollationieren leicht feststellen, ob alle Posten richtig in die Maschine eingeführt sind. Auch hat man in den Druckblättern schriftliche Belege, durch die auch nachträglich noch jede Rechnung kontrolliert werden kann. Durch das Druckwerk wird die Maschine allerdings auch teurer, größer und schwerer.

Die Maschinen besitzen ferner in der Regel noch mancherlei andere Einrichtungen, z. B. solche für die Multiplikation, für die Subtraktion, für die Buchhaltung usw., deren Einrichtung im folgenden zum Teil nur kurz gestreift werden kann. Die Maschinen werden dadurch sehr leistungsfähig und vielseitig, können aber selbstverständlich nicht billig sein.

Die Trennung von Einstellung und Antriebbewegung hat mancherlei Vorteile im Gefolge. Zunächst sind die Tasten leichter niederzudrücken, als bei den Addiermaschinen ohne Antriebhebel. Bei den letzteren wirken die Tasten ja unmittelbar auf das Zählwerk ein; also muß der Rechner durch den Fingerdruck auch das Zählwerk fortschalten und die mancherlei Widerstände im Zählwerk überwinden. Bei den Maschinen mit Antriebhebel tritt so gut wie gar kein Widerstand beim Niederdrücken der Tasten auf. Der Widerstand macht sich erst beim Umlegen des Handhebels bemerkbar. Selbstverständlich ist ein leichter Tastenanschlag aber ebenso wie bei Schreibmaschinen von großer Bedeutung, wenn andauernd gearbeitet werden soll.

Das Arbeiten mit dieser Maschinenart wird auch dadurch angenehmer, daß der Tastenwiderstand nicht wechselt, sondern sich stets annähernd gleich bleibt. Ein falscher Tastenanschlag kann leichter verbessert werden, als bei den Addiermaschinen ohne Antriebhebel. Es ergibt sich ja bei der Tasteneinstellung zuweilen, daß man eine falsche Taste getippt hat. Während nun bei den Addiermaschinen mit unmittelbarem Zählwerkantrieb dann natürlich auch gleich das Zählwerk falsch vorgeschaltet wurde und durch Subtraktion des zuviel addierten Betrages zurückgeschaltet werden muß, ist das hier nicht der Fall. Man kann die Tasteneinstellung noch richtigstellen, ehe man den Antriebhebel umlegt und dadurch den eingestellten Posten auf das Zählwerk überträgt.

Allen diesen unleugbaren Vorzügen steht allerdings der Nachteil gegenüber, daß der Antriebhebel hinzugekommen ist. Nach jeder Posteneinstellung muß der Antriebhebel gezogen werden. Dies beständige Ziehen des Antriebhebels bedeutet ohne Zweifel einen Zeitverlust, ist auf die Dauer auch unbequem und ermüdend. Aus diesem Grunde geht man neuerdings mehr und mehr zum Motorantrieb über und nimmt die dadurch bedingte Komplikation und Verteuerung der Maschine in den Kauf. Man sieht also, das Licht und Schatten auf die Addiermaschinen mit Antriebhebel und diejenigen ohne Antriebhebel ziemlich gleichmäßig verteilt sind und, daß es bei der Wahl zwischen ihnen auf die besonderen Betriebsbedingungen ankommen wird.

Die Maschinen mit Volltastatur. Diese Maschinen wurden früher ausschließlich von amerikanischen Firmen, insbesondere von der Burroughs Adding Machine Co., geliefert. Die Maschinen dieser Gesellschaft, deren Vertretung sich in der Hand der Firma Glogowski & Co. in Berlin befindet, sind weit verbreitet und genießen einen wohlverdienten Ruf. Seit einer Reihe von Jahren werden die Addiermaschinen aber auch von deutschen Firmen in bester Ausführung gebaut, hauptsächlich von den Wandererwerken in Chemnitz und von der Optischen Anstalt C. P. Goerz in Berlin-Friedenau.

Alle diese Maschinen sind sich, obgleich sie in Einzelheiten voneinander abweichen, in der Arbeitsweise sehr ähnlich. Diese Arbeitsweise soll im folgenden an der Hand der Abb. 19, die einen schema-

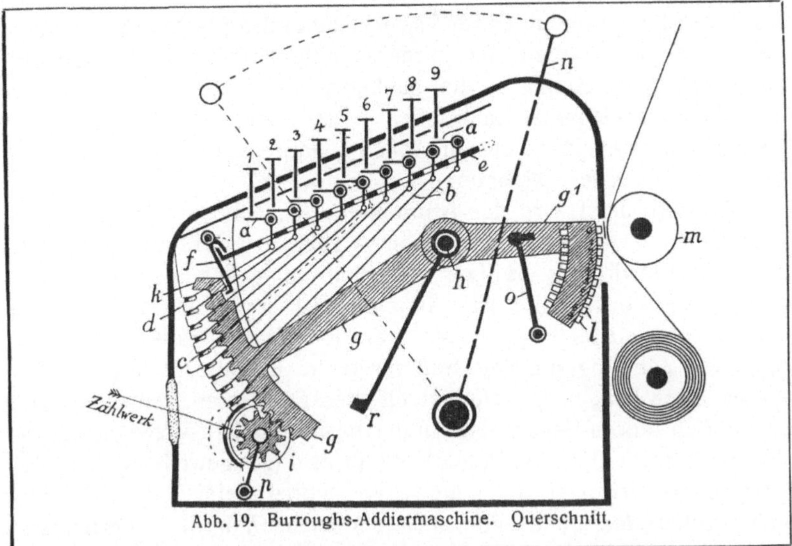

Abb. 19. Burroughs-Addiermaschine. Querschnitt.

tischen Querschnitt durch eine Burroughs-Maschine zeigt, kurz erläutert werden.[1])

Addition: + 3054. Die Vorgänge bei der Addition eines Postens zerfallen, wie oben bereits angegeben, in zwei scharf getrennte Abschnitte, nämlich in Einstellung und Antrieb. Als dritter Abschnitt ist das Ziehen der Summe nach Beendigung der Addition anzusehen.

I. Einstellung: Man tippt, wie bei den schon beschriebenen Tastenmaschinen ohne Antriebhebel, die Taste 3 in der Tausender-, 5 in der Zehner- und 4 in der Einerstelle. Die Tasten bleiben, von einer Sperrung festgehalten, in der unteren Stellung stehen. Man kann also in diesem Stadium die Einstellung durch ein nochmaliges Überblicken der herabgedrückten Tasten kontrollieren. War die Einstellung falsch, so kann man sie durch sog. Korrigiertasten auslöschen, um sie von neuem vorzunehmen. Abb. 19 zeigt in punktierten Linien die niedergedrückte Taste 5. Durch das Niederdrücken wird der unter der Taste liegende kleine Winkelhebel a etwas gedreht und in die punktierte Lage gebracht. Am unteren Ende des Winkelhebels ist ein Draht b angelenkt, dessen vorderes, rechtwinklig umgebogenes Ende c in einen kurzen Schlitz der feststehenden Platte d eingelegt ist. Durch das Drehen des Winkelhebels gleitet dieses umgebogene Ende des Drahtes in dem Schlitz nach hinten. Gleichzeitig wird durch das Drehen

---

1) Ausführlichere Angaben finden sich in der deutschen Patentschrift 77068.

des Winkelhebels die unter der Tastenreihe entlang laufende Schiene e nach hinten verschoben. Ihr vorderes aufgebogenes Ende verdreht dabei den Feststeller f in die punktierte Lage. Dadurch wird der (schraffiert gezeichnete) Zahnbogen g, der bisher durch den Haken des Feststellers f in seiner in Abb. 19 dargestellten, oberen Lage festgehalten wurde, freigegeben.

II. Antrieb: Jetzt wird der Antriebhebel n nach vorn in die punktierte Stellung umgelegt und dann wieder losgelassen, worauf er unter der Einwirkung kräftiger Federn in seine Anfangslage zurückkehrt. Beim Vorwärtshub des Antriebhebels senkt sich zunächst die schwingend gelagerte Querleiste r, die im Ruhezustande unmittelbar unter den Zahnbogen g liegt und sie in der in Abb. 19 dargestellten oberen Lage hält, nach unten. Infolgedessen können sich diejenigen Zahnbogen, deren Feststeller f in der beschriebenen Weise ausgelöst worden sind, unter der Einwirkung ihres Eigengewichtes oder besonderer Federn nach unten bewegen, wobei sie sich um die feste, quer durch die Maschine hindurchlaufende Achse h drehen. Hierbei sind die Zählwerkräder i noch nicht in der gezeichneten, schraffierten Lage, sondern in der punktiert gezeichneten, ausgerückten Stellung. Die Zahnbogen g fallen also leer herab, und zwar so lange, bis ihre Nase k auf das, wie vorhin angegeben, nach hinten verschobene, umgebogene Ende c des Drahtes aufschlägt. Im vorliegenden Falle bewegt sich der Zahnbogen der Einerstelle um fünf Wegeinheiten abwärts, da in der Einerstelle die Taste 5 gedrückt war. Um ebenso viel Wegeinheiten hebt sich natürlich das hintere Ende g^1 des Zahnbogens, in welchem die Drucktypen l verschiebbar gelagert sind. Statt der Type 0, die in der Zeichnung dem Farbbande und der Papierwalze m gegenüberliegt, kommt nun also die Type 5 an diese Stelle zu liegen. Entsprechend sind die Vorgänge in den anderen Zahlenstellen, deren Zahnbogen neben dem gezeichneten auf der Achse h drehbar gelagert zu denken sind. Wenn die Tasten 3, 5, 4 gedrückt sind (die Null braucht nicht getippt zu werden), liegen also der Papierwalze die Typen 3054 in einer geraden Reihe gegenüber. Schließlich werden die durch Federn gespannten Druckhämmer o freigegeben. Sie schlagen gegen die der Papierwalze gegenüberliegenden Typen und drücken sie gegen das Papier. Somit wird der Posten 3054 auf dem Papier abgedruckt.

Darauf wird das Zählwerk i, welches um die Achse p schwingend gelagert ist, in die Zahnbogen eingerückt, wie dies die Zeichnung veranschaulicht. Sodann hebt sich die Leiste r, um alle herabgefallenen

Zahnbogen wieder anzuheben und nach oben in die Anfangslage zurückzubringen. Die herabgefallenen Zahnbogen heben sich hierbei natürlich um ebenso viele Wegeinheiten, wie sie sich vorher gesenkt hatten. Die Folge davon ist, daß die Zahlenräder i in der Tausender-, Zehner- und Einerstelle um 3, 5 und 4 Einheiten weitergeschaltet werden. Der Posten 3054 ist damit auf das Zählwerk übertragen. Zum Schlusse werden die Tasten wieder freigegeben, so daß sie wieder nach oben federn, und auch alle anderen Teile werden in die Anfangslage zurückgebracht.

III. **Summenziehen.** Die Summe kann auf dem Zählwerk abgelesen werden. Sie soll aber auch von der Maschine unter die Reihe der Posten gedruckt werden, damit keine Fehler beim Ablesen der Summe entstehen. Das nebenstehende Zahlenbild veranschaulicht die Arbeit der Maschine. Die Summe ist durch einen dahinter abgedruckten Stern kenntlich gemacht und von der Reihe der Posten durch einen freien Zwischenraum getrennt. Man muß, um die Summe zu ziehen, zunächst einen Leerkurbelzug machen. Alsdann drückt man auf eine besondere Taste, die Summen- oder Totaltaste, und zieht noch einmal die Kurbel. Hierdurch wird nicht nur die Summe gedruckt, sondern auch gleichzeitig das Zählwerk auf Null gestellt, so daß eine neue Rechnung begonnen werden kann. Bei sehr langen Zahlenreihen würde man, wenn man die sämtlichen Posten untereinander drucken wollte, einen schwer zu übersehenden langen Papierstreifen erhalten. Man druckt deshalb vielfach die Posten, wie das nebenstehende Bild zeigt, in mehreren Kolumnen nebeneinander. In diesem Falle ist am Fuße der ersten Kolumne die Summe zu ziehen und als Übertrag an den Kopf der zweiten Kolumne zu bringen. Hierbei darf das Zählwerk natürlich nicht auf Null gestellt werden, da die Rechnung nicht zu Ende ist, sondern weiter geführt wird. Man bezeichnet derartige Summen als „Untersummen" oder „Zwischensummen". Sie werden von der Maschine selbsttätig durch ein daneben gedrucktes „U" (Übertrag) oder ein anderes Merkzeichen gekennzeichnet. Um eine Zwischensumme zu ziehen, drückt man auf die Zwischensummentaste und verfährt im übrigen wie beim Summenziehen.

34.50	
20 406.00	
103.50	
30 405.06	
35 004.00	
1 030.30	
30 440.40	
117 423.76	*

34.50	*	117 423.76 U	
20 406.00		234.50	
103.50		257.60	
30 405.06		456.40	
35 004.00		100.00	
1 030.30		1 200.00	
30 440.40		200.00	
117 423.76 U		119 872.26	*

Subtraktion. Die Subtraktion kann bei älteren Modellen nach der mehrfach besprochenen Methode durch Addition des Komplementes ausgeführt werden. Bei neueren Modellen kann die Subtraktion auch direkt durch einfaches Niederdrücken der richtigen Tasten ausgeführt werden. In diesem Falle ist vor dem Umlegen des Handhebels eine besondere Subtraktionstaste zu drücken. Dadurch wird ein sogenanntes „Wendegetriebe" zwischen Antriebzahnbogen und Zählwerk eingeschaltet. Dieses besteht meistens aus besonderen, nur zur Bewegungsübertragung dienenden Zahnrädern, welche zwischen die Zahnbogen *g* und die Zählwerkräder *i* eingerückt werden. Dadurch wird die Drehrichtung der Zählwerkräder umgekehrt.

Multiplikation: 3054×24. Die Multiplikation wird nach der bekannten Methode durch wiederholte Addition ausgeführt. Man stellt demnach zunächst 3054 wie vorhin auf dem Tastenbrette ein, um zunächst die Addition $3054 + 3054 + 3054 + 3054$ auszuführen. Für diese vierfache Addition bedarf es aber nur der einmaligen Einstellung des Betrages. Nach der Einstellung drückt man auf eine besondere Taste, die gewöhnlich als „Repetiertaste" oder „Multipliziertaste" bezeichnet wird. Wenn man dann den Antriebhebel zieht, springen die herabgedrückten Tasten nicht, wie dies bei der Addition der Fall ist, nach vollendeter Addition des Postens wieder nach oben, sondern bleiben in ihrer unteren wirksamen Stellung stehen. Man braucht also nur den Antriebhebel viermal zu ziehen, ohne die Tasten neu einzustellen. Um dann die Multiplikation mit 20 auszuführen, muß man allerdings der erforderlichen Stellenverschiebung wegen die Tasten wieder neu einstellen, und zwar jeweils um eine Dezimalstelle höher. Man tippt also 30540, drückt dann die Repetiertaste und zieht den Antriebhebel zweimal. Das Produkt ist dann in den Schauöffnungen abzulesen und kann auch wie beim Summenziehen gedruckt werden.

Druck: Das Druckwerk der Addiermaschinen wird von Jahr zu Jahr weiter vervollkommnet. Es können hier nur die hauptsächlichsten Verbesserungen kurz besprochen werden.

Wenn man beim Beginn der Addition vergessen hatte, die Maschine auf Null zu stellen, so werden ja die dann eingestellten Posten zu dem versehentlich stehengebliebenen Betrage hinzuaddiert. Die beim Summenziehen abgedruckte Summe stimmt dann nicht mit der richtigen Summe der abgedruckten Posten überein, sondern ist um den versehentlich stehengebliebenen Betrag höher. Das Resultat ist falsch. Um diese Fehlerquelle auszuschalten, soll die Maschine so eingerichtet sein, daß sie ein besonderes Zeichen, ein „Klarzeichen" (die Maschine steht auf Null, sie ist „klar") am Kopfe der Postenreihe abdruckt, wenn die Maschine richtig auf Null steht. Bei den Burroughs-Maschinen besteht, wie aus den oben stehenden Druckproben zu ersehen ist, das Klarzeichen aus einem Stern, der in der ersten Druckzeile vor dem ersten Posten von der Maschine gesetzt wird.

Druck ohne Addition: Für die nachträgliche Kontrolle der Rechnung durch Vergleichung des Druckblattes ist es wünschenswert, wenn man neben oder zwischen den addierten Posten auch Zahlen schreiben kann, die nicht im Zählwerk addiert werden, also z. B. Nummern, Kontrollzahlen u. dgl. Sollen z. B. die Beträge von Versicherungspolicen addiert werden, so ist es zweckmäßig, neben jedem Geldbetrage, der im Zählwerk addiert wird, auch die Nummer der Police abzudrucken, die natürlich nicht in das Zählwerk aufgenommen werden darf. Will man eine solche Nummer drucken, so stellt man die Nummer in der gleichen Weise ein, wie man einen Summanden einstellt. Ehe man dann aber den Handhebel umlegt, muß man eine besondere Taste, die Zählwerkausschalt- oder Nichtaddiertaste, drücken. Dadurch wird die Steuerung des Zählwerkes, d. h. seine von der Maschine selbsttätig bewirkte Hin- und Herschwingung um die Achse p (Abb. 19), so abgeändert, daß das Zählwerk bei der Umlegung des Handhebels überhaupt nicht in Eingriff mit den Zahnbogen g kommt. Die durch Umlegen des Handhebels in der gleichen Weise wie sonst gedruckte Zahl wird also in das Zählwerk nicht eingeführt.

Addition ohne Druck: In gewissen Fällen kann es wünschenswert sein, Zwischenrechnungen auf der Maschine auszuführen, die nicht gedruckt werden sollen. Wenn man beispielsweise eine Reihe von Warenpreisen zu addieren hat, aber einer der Warenpreise noch nicht endgiltig feststeht, sondern erst durch eine besondere Multiplikation berechnet werden soll, so drückt man während der Ausführung dieser Multiplikation die Druckausschalttaste oder Nichtschreibtaste nieder. Dadurch wird die Verbindung zwischen dem Handhebel und den Druckhämmern unterbrochen, so daß die Druckhämmer beim Umlegen des Handhebels nicht wie sonst ausgelöst werden, also ein Abdruck der bei der Multiplikation in das Zählwerk eingeführten Zahlen unterbleibt.

Spaltung: Maschinen von höherer Stellenzahl kann man in zwei getrennt arbeitende Teile zerlegen oder „spalten". Bei einer neunstelligen Maschine beispielsweise kann man die Teilung zwischen der dritten und vierten Wertstelle vornehmen. Man kann dann auf der linken Hälfte dreistellige, auf der rechten Hälfte sechsstellige Zahlen addieren.

Durch die Spaltvorrichtung wird der selbsttätige Abdruck der Nullen, der sich sonst nach rechts hin bis in die letzte Wertstelle fortsetzt, an der Teilungsstelle unterbrochen. Durch Niederdrücken der Nicht-addiertaste kann man ferner, wie oben erklärt, erreichen, daß die auf der linken Hälfte gedruckten Zahlen nicht in das Addierwerk einge-

121   **43,34**
122   54,45
123   34,44
124   45,75
125   65,67
126   34,78

278,43 =

führt werden. Bei der nebenstehenden Druckprobe der Continental-Maschine sind in dieser Weise links nicht addierte Nummern, rechts Summanden ge-druckt. Die Summe, kenntlich durch das Zeichen =, erscheint dann nur unter der rechten Spalte. Die fett gedruckten Zahlen werden von dieser Maschine rot gedruckt. Die Klarstellung der Maschine am Be-ginn der Rechnung wird hier also nicht durch einen vorgedruckten Stern, sondern durch roten Abdruck des ersten Postens angezeigt.

Queraddition, Listen- und Tabellendruck: Man kann mit den modernen Maschinen auch Formulare aller Art ausfüllen und gleichzeitig ausrechnen, wie z. B. Kontoauszüge, Lohnabrechnungen, Listen aller Art. Hier offenbart sich besonders der Wert des Druck-werkes. Die Maschine schreibt alle erforderlichen Zahlen in beliebigen Spalten, auch diejenigen Zahlen, die nicht addiert werden, wie z. B. Tages- und Monatsdaten, Nummern usw. Sie stellt also gewisser-maßen, wenn auch in beschränktem Umfange, eine Kombination von Schreibmaschine und Addiermaschine dar.

Löhnung vom 9. bis 22. Juni 1923.

Kontroll-Nr.	Name	Stunden	Brutto-lohn	Steuern	Kranken-kasse	Nettolohn
323	Schön . .	96	720 000	66 050	10 800	643 150
324	Müller . .	96	810 000	67 370	10 800	731 830
325	Lasch. . .	71	635 750	70 420	10 800	554 530
		263	2 165 750	203 840	32 400	1 929 510
						32 400
						203 840
						2 165 750

Um die Arbeitsweise der Maschinen klarzustellen, ist vorstehend eine der Raumersparnis wegen stark vereinfachte, eine Lohnliste dar-stellende Druckprobe der Continental-Addiermaschine dargestellt. Die Maschine besitzt hierfür einen breiten Papierwagen, der, ähnlich wie bei Schreibmaschinen, quer verschiebbar ist und absatzweise bei

Umstellung einer Kolonnenschaltvorrichtung jeweils um eine Kolonnenbreite von rechts nach links springt, so daß die einzelnen Kolonnen der Lohnliste nacheinander an die Druckstelle gelangen.

In die Lohnliste sind zunächst die Namen der Arbeiter handschriftlich oder durch eine besondere Schreibmaschine einzutragen. Alsdann wird die Lohnliste in den Papierwagen der Addiermaschine eingesetzt und zunächst die Kontrollnummer 323 des ersten Arbeiters gedruckt, nachdem vorher die Nichtaddiertaste gedrückt worden war. Die Kolonnenschaltvorrichtung wird betätigt und der Papierwagen springt auf die Stundenkolonne, wo die Stundenzahl 96, gleichfalls bei niedergedrückter Nichtaddiertaste, gedruckt wird. Der Wagen wird jetzt durch die Kolonnenschaltung auf die Bruttolohnspalte gebracht und der Bruttolohn 720 000 wird gedruckt. Da die Nichtaddiertaste hierbei nicht gedrückt war, wird der Betrag additiv in das (vorher selbstverständlich auf Null gebrachte, klargestellte) Zählwerk eingeführt. Alsdann wird der Wagen nacheinander in die Spalten für die Steuern und die Krankenkassenbeträge gebracht, während die Subtraktionstaste gedrückt ist. Die hier gedruckten Beträge 66 050 und 10 800 werden also im Zählwerk von dem Bruttolohn 720 000 subtrahiert, im Zählwerk erscheint die Differenz 643 150. Diese wird in der letzten Spalte gedruckt. Das Zählwerk addiert und subtrahiert also hier die wagerecht nebeneinander stehenden Zahlen, es führt eine Queraddition aus.

Am Schlusse der gesamten Eintragung werden die einzelnen Kolonnen durch die Maschine senkrecht addiert und die Summen, wie gewöhnlich, an den Fuß der Kolonnen gedruckt. In der letzten Spalte wird schließlich, wie aus der Druckprobe ersichtlich, durch Addition der Gesamtlohnabzüge zu dem Gesamtnettolohn die Richtigkeit der ganzen Liste kontrolliert.

Addier- und Subtrahiermaschine Continental. Diese bekannte und seit einer Reihe von Jahren in immer steigendem Umfange eingeführte Maschine der Wandererwerke in Chemnitz-Schönau (Abb. 20) arbeitet, wie schon oben bemerkt wurde, ähnlich wie die Burroughs-Maschine und besitzt alle im Vorstehenden angegebenen Einrichtungen. Sie wird selbstverständlich auch mit Motorantrieb geliefert. Die Maschine ist dann auf einen besonderen Ständer aufgesetzt, in welchem der Motor gelagert ist. Der Motor treibt durch ein Kurbelgetriebe die Hauptwelle der Maschine an. Nach Lösung des Kurbelgetriebes kann die Maschine vom Ständer abgenommen und durch Aufsetzen eines

Abb. 20. Addier- und Subtrahiermaschine Continental.

Handhebels auf die Hauptwelle in eine Handhebelmaschine verwandelt werden.

Von besonderem Wert ist der sichtbare Druck der Continental-Maschine. Nach Abdruck jedes Postens bewegen sich die Typenträger so weit nach unten, daß der zuletzt abgedruckte Posten sichtbar wird. Dadurch ist eine wirksame Kontrolle der Rechnung möglich. Man kann sich durch einen schnellen Blick auf die Druckstelle jederzeit überzeugen, welchen Posten man zuletzt addiert hat und ob man ihn auch richtig eingeführt hat. Da die subtrahierten Posten und die nicht in das Zählwerk eingeführten Belegnummern durch ein besonderes Druckzeichen kenntlich gemacht sind, kann man auch jederzeit kontrollieren, ob man nicht vergessen hat, die Subtraktionstaste bzw. die Zählwerkausschaltetaste richtig niederzudrücken.

Die Subtraktionstaste bewirkt in der schon beschriebenen Weise die Umstellung eines Wendegetriebes zwischen Antriebzahnbogen und Zählwerk. Die Tastatur ist „selbstkorrigierend", d. h. bei einem falschen Tastenanschlag kann man diesen einfach dadurch richtigstellen, daß man die richtige Taste niederdrückt, die irrtümlich gedrückte Taste springt dann ohne weiteres in die Höhe.

Durch eine besondere Spaltvorrichtung kann die Maschine hinter der zweiten, dritten, vierten oder fünften Stelle gespalten werden. Eine Druckprobe der gespaltenen Maschine wurde bereits auf S. 52

gegeben. Im vorstehenden wurde auch bereits eine mit der Maschine ausgerechnete und gedruckte Lohnliste gebracht.

Die Addier- und Subtrahiermaschine Goerz unterscheidet sich in den Hauptzügen nicht wesentlich von der Burroughs- und Continentalmaschine. Erwähnenswert ist eine besondere Einrichtung an der Tastatur, welche es gestattet, einen neuen Posten schon während der Zeit wieder einzustellen, wo der Motorantrieb den vorhergehenden Posten auf das Zählwerk überträgt. Diese Einrichtung ist für besonders schnelles Arbeiten bestimmt. Bei der Queraddition springt der Papierwagen selbsttätig beim Kurbelhube auf die folgende Kolonne, ohne daß es eines besondern Handgriffes (eines Kolonnenschalthebels) bedarf.

Burroughs-Buchhaltungsmaschine. Diese in Abb. 21 dargestellte Maschine ermöglicht es, Buchungen unmittelbar auf lose Kontenblätter vorzunehmen. Das nebenstehende Zahlenbild, welches den oberen Teil eines solchen losen Kontenblattes zeigt, veranschaulicht die Arbeit der Maschine. Die Maschine ähnelt im wesentlichen der Burroughs-Addiermaschine, deren Querschnitt oben in Abb. 19 wiedergegeben wurde.

Name: Wilhelm Müller, Konto-Nr. 150				
Adresse: Berlin, Kreuzbergstr. 7, Blatt Nr. 1				
Saldo-Vortrag	Datum Bez. Nr.	Soll	Haben	Saldo
				4,722.22*
4,722.22	Febr. 1. WD 343		4,670.50	9,342.72*
9,392.72	Febr. 2. PR 242	780.00		8,612.72*
8,612.72	Febr. 3. UW 122	9,000.00		387.28 Dt
3.87.28	Febr. 4. EZ 567		387.28	00*

Das Kontenblatt, auf welchem zunächst nur rechts oben von der alten Rechnung her der Übertrag oder letzte Saldo 4,722.22 eingetragen ist, wird in den Papierwagen eingesetzt und durch eine besondere Vorrichtung schnell in die gewünschte Schreibhöhe gebracht. Der Papierwagen ist dabei soweit nach rechts verschoben, daß die erste Spalte für den „Saldo-Vortrag" den Drucktypen gegenüberliegt. Nun wird der alte Saldo 4,722,22 getippt, durch Druck auf die Motortaste in das Zählwerk eingeführt und zu gleicher Zeit in die erste Spalte eingetragen. Dadurch wird auch der Papierwagen mit dem Kartenblatt seitlich soweit verschoben, daß die zweite Spalte für das Datum und die Belegnummer in die Druckstellung kommt. Die Verschiebung erfolgt

Abb. 21. Burroughs-Buchhaltungsmaschine.

selbsttätig durch den Motor. Nun ist zunächst das Datum der neuen Buchung „Febr. 1" einzutragen. Die Maschine besitzt zu diesem Zwecke links von der üblichen Volltastatur eine besondere Reihe von Tasten, welche die Aufschrift „Jan." „Feb." usw. tragen, und ferner Reihen von Tasten für die Monatstage 1 bis 31. Zu diesen Tasten gehören besondere Typenträger, welche hinten links von den den Zifferntasten zugehörigen Typenträgern gelagert sind. Nunmehr wird die abgekürzte Buchungsbezeichnung „$W\,D$" getippt, für welche ebenfalls entsprechende Tasten und entsprechende Typen vorgesehen sind. Schließlich wird die Belegnummer „343" getippt. Datum, Buchungsbezeichnung und Belegnummer werden durch Drücken der Motortaste gedruckt, die Belegnummer wird aber natürlich nicht in das Zählwerk eingeführt.

Der Papierwagen bewegt sich jedesmal beim Drücken der Motortaste selbsttätig seitwärts in die nächste Spalte. Er hat sich jetzt also auf die „Soll"-Spalte eingestellt. Da in dieser Spalte ein Posten nicht zu buchen ist, befördert man den Papierwagen durch abermaliges Drücken der Motortaste auf die nächste Spalte, die „Haben"-Spalte. Dadurch wird die Maschine vom Papierwagen aus selbsttätig auf „Addition" gestellt. Wenn jetzt der „Haben"-Betrag 4,670.50 getippt und gedruckt wird, wird er gleichzeitig im Zählwerk addiert, so daß sich die richtige Summe 9,392.72 ergibt. Zum Schluß springt der Papierwagen in die letzte Spalte, wo die Summe oder der neue Saldo eingetragen wird.

Sobald die Summe durch Drücken der Summentaste gedruckt und in die letzte Spalte eingetragen worden ist, bewegt sich der Papierwagen automatisch zurück, so daß wieder die erste Spalte, d. h. die „Saldo-Vortrag"-Spalte, in die Drucklage kommt. Es kann nunmehr die zweite Buchung erfolgen bzw. ein neues Kontenblatt eingesetzt werden.

Je nach der beabsichtigten Verwendungsart der Maschine kann die Einstellung derselben so erfolgen, daß sie sich entweder in der „Soll"-Spalte oder in der „Haben"-Spalte automatisch auf Subtraktion schaltet. Beim oben abgebildeten „Bankformular" erfolgt die Subtraktion in der „Soll"-Spalte. Eine Reihe anderer sinnreicher Einrichtungen dient dazu, die Maschine für die verschiedenen Erfordernisse der Buchhaltung ein- und umzustellen.

Die Zehntastenmaschinen. Diese Maschinen wurden früher nur von amerikanischen Firmen auf den Markt gebracht (Dalton-Maschine, Austin-Maschine, neuerdings auch Sundstrand-Maschine). Sie werden jetzt auch in Deutschland in bester Ausführung gebaut, und zwar von den Astrawerken in Chemnitz. Abb. 22 zeigt das neueste Modell der Astra-Maschine.

Die Zehntastenmaschinen sind aus dem Bestreben hervorgegangen, die Tastatur zu vereinfachen und das sogenannte „Blindschreiben" zu ermöglichen. Bei den Maschinen mit Volltastatur besteht ja die Möglichkeit, daß man eine Taste versehentlich in der falschen Wertstelle tippt. Man muß daher die Tastatur beim Drücken der Tasten immer im Auge haben, der Blick muß vom Kontobuch auf

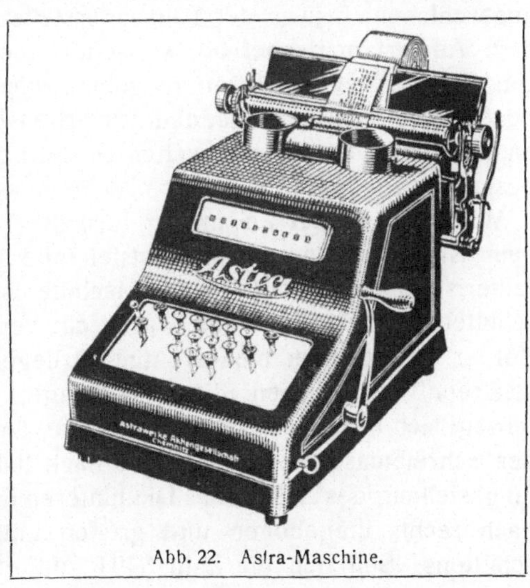

Abb. 22. Astra-Maschine.

die Tastatur hin- und zurückwandern. Das ist bei der Zehntasten-
maschine nicht erforderlich. Die Tastatur enthält, abgesehen von den
üblichen Operationstasten (Summentaste, Zwischensummentaste, Ad-
ditions- und Subtraktionsstellhebel usw.), nur neun Zifferntasten für
die Zahlen von 1 bis 9 und drei Nulltasten 0, 00 und 000 (deren
Zweck später klargestellt werden wird). Sie ist also so einfach, daß
ein geübter Rechner die Tasten blind, d. h. ohne Hinsehen, bedienen
kann. Das Aussuchen der richtigen Wertstelle fällt fort.

Behufs Einstellung eines Postens drückt man bei diesen Maschinen
die Tasten in derselben Reihenfolge nieder, in der man sie liest (also
z. B. für den Posten 5491 nacheinander die Tasten 5, 4, 9 und 1).
Dann zieht man den Antriebhebel bzw. drückt man, wenn Motorantrieb
vorgesehen ist, auf die Motoreinrücktaste.

Die Maschinen beruhen nicht alle auf der gleichen Grundlage. Die
Schwierigkeiten bei der Konstruktion bestehen darin, die Maschine so
einzurichten, daß die getippte Zahl immer selbsttätig in der richtigen
Dezimalstelle des Zählwerkes addiert und des Druckwerkes gedruckt
wird. Bei den Maschinen mit Volltastatur existiert diese Schwierigkeit
ja deswegen nicht, weil die Zahlen immer in derselben Dezimalstelle
addiert und gedruckt werden, in der sie getippt werden. Bei den
Zehntastenmaschinen kommt aber die erste Ziffer jedes Postens, die
zuerst getippt wird, in verschiedene Dezimalstellen, je nach der
Stellenzahl des Postens. Addiert man z. B. 5491, so muß die zuerst
angeschlagene 5 ja in der Tausenderstelle addiert und gedruckt werden. Addiert man aber 58, so gehört die 5 in die Zehnerkolumne.
Um eine Vorstellung davon zu geben, wie man dieser Schwierigkeit
begegnet ist, soll im folgenden das Arbeitsprinzip der Astra-Maschine
an der Hand der schematischen Grundrisse in den Abb. 23 und 24
besprochen werden.

Wir sehen in der Zeichnung vorn die Tasten T, deren Hebel sich
beim Niederdrücken um die feststehende Achse w drehen. Der charakteristische Bestandteil der Maschine ist der sogenannte Stiftenschlitten St, ein viereckiger, wagerecht verschiebbarer, kastenartiger
Körper, in welchem mehrere (im vorliegenden Falle 6) Reihen von
senkrecht beweglichen Stiften st gelagert sind. Der Stiftenschlitten
bewegt sich bei jedem Tastenanschlage, ähnlich wie der Papierwagen
der Schreibmaschine, um 1 Stelle nach links. Abb. 23 zeigt die Anfangsstellung des Schlittens. Die hinteren Enden der Tastenhebel sind
nach rechts umgebogen und greifen unter die Stifte des Stiften-
schlittens. Soll nun die Zahl 5491 addiert werden, so drückt man,

wie schon bemerkt, zunächst auf die Taste 5. Dabei hebt sich das hintere Ende des Tastenhebels und schiebt den darüber liegenden, der Zahl 5 entsprechenden Stift der Reihe I nach oben, so daß sein oberes Ende, welches bisher unter der Oberfläche des Schlittens lag, jetzt etwas nach oben heraustritt. Gegen Ende der Tastenbewegung rückt der Schlitten selbsttätig

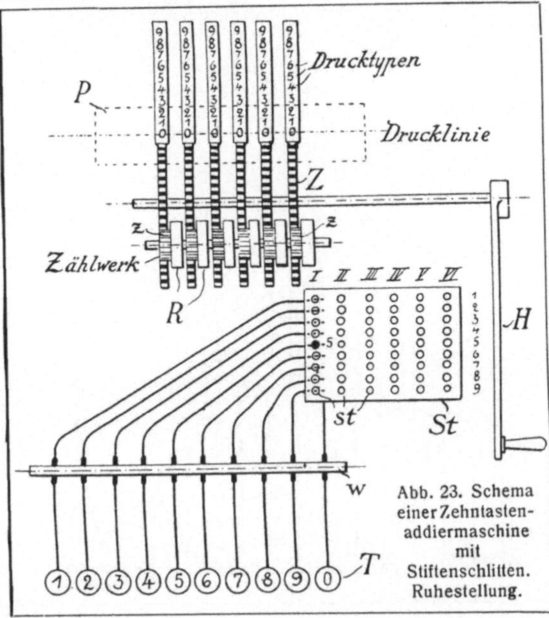

Abb. 23. Schema einer Zehntastenaddiermaschine mit Stiftenschlitten. Ruhestellung.

um eine Stelle nach links. Es steht dann also die Reihe II der Stifte über den hinteren Enden der Tastenhebel. Wenn man dann die Taste 4 anschlägt, wird in der Reihe II der Stift 4 gehoben und tritt nach oben heraus. Der Schlitten rückt wieder um eine Stelle nach links und die Reihe III der Stifte tritt über die Tastenenden. In entsprechender Weise wird in Reihe III der Stift 9 und in Reihe IV der Stift 1 nach oben herausgedrückt. Der Schlitten nimmt dann die in Abb. 24 dargestellte Lage ein. Die nach oben vorstehenden Stifte sind schwarz gezeichnet.

Beim Umlegen des Handhebels H werden die Zahnstangen Z, die bisher in der in Abb. 23 dargestellten Anfangslage festgehalten wurden, freigegeben. Sie wandern unter der Einwirkung von Federn nach vorne, und zwar so lange, bis sie durch die nach oben vorstehenden Stifte st angehalten werden, wie Abb. 24 darstellt. Ein Blick auf diese Abbildung zeigt, daß sich die Einerzahnstange, also die am weitesten rechts liegende, hierbei um 1 Wegeinheit bewegt hat; die nächste nach links, also die Zehnerstange, um 9 Wegeinheiten, die dritte um 4, die vierte um 5. Mit den Zahnstangen stehen nun die Zahnräder z in Eingriff, welche mit den Zahlenrollen R des Zählwerkes fest verbunden sind. Die Räder zR des Zählwerkes drehen

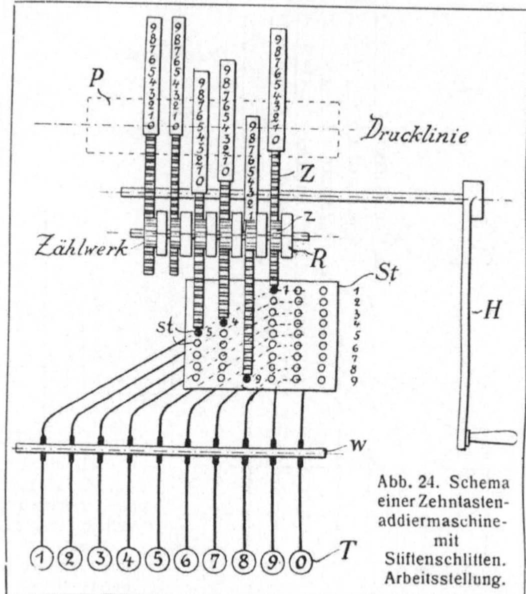

Abb. 24. Schema einer Zehntasten-addiermaschine-mit Stiftenschlitten. Arbeitsstellung.

sich also um ebenso viele Zähne, wie die Zahnstangen sich Wegeinheiten vorbewegt haben, d. h. das Einerrad um 1, das Zehnerrad um 9, das Hunderterrad um 4 und das Tausenderrad um 5 Zähne. Wir sehen also, daß der durch die Tasten eingestellte Betrag in den richtigen Zahlenstellen addiert worden ist.

Um den Posten abzudrucken, tragen die Zahnstangen hinten die Typen von 0 bis 9. In der Ruhelage der Zahnstangen gemäß Abb. 23 liegen die Typen 0 in der Drucklinie der in der Zeichnung gestrichelt angedeuteten Papierwalze P gegenüber. Sind die Zahnstangen aber nach vorn verschoben, so stehen, wie Abb. 24 erkennen läßt, genau dieselben Zahlen in der Drucklinie, die auf das Zählwerk übertragen wurden. Wenn also in diesem Stadium die in der Drucklinie auf das Papier aufschlagenden Druckhämmer ausgelöst werden, so wird der Posten 5491 auf dem Papier richtig abgedruckt.

Am Ende der Antriebbewegung werden alle Teile in die in Abb. 23 gezeigte Anfangstellung zurückgeführt. Die Zählwerkräder müssen dabei selbstverständlich aus den Zahnstangen ausgerückt werden.

Die Zehntastenmaschinen unterscheiden sich dadurch von den Maschinen mit Volltastatur, daß auch die Nullen getippt werden müssen. Wenn man beispielsweise einen Posten 40005 addieren will, braucht man bekanntlich bei den Volltastenmaschinen nur die Taste 4 in der Zehntausenderreihe und die Taste 5 in der Einerreihe zu drücken, die Nullen werden selbsttätig gedruckt. Bei den Zehntastenmaschinen sind, da der Stiftenschlitten auch bei der Einstellung einer Null jedesmal um eine Wertstelle weiterrücken muß, besondere Nulltasten erforderlich. Bei den ältesten Maschinen war nur eine einzige Nulltaste vorgesehen. Bei der Einstellung des Postens 40005 drückte man dann die Taste 4, hierauf dreimal hintereinander die Taste 0 und schließlich die Taste 5. Das wiederholte Tippen der Nulltaste beeinträchtigte, da gerade Nullen besonders häufig auftreten, sehr die Schnelligkeit der Arbeit. Die Astra-Maschine besitzt, wie schon oben erwähnt wurde, drei Nulltasten 0, 00, 000. Bei der Einstellung des Postens 40005 drückt man dann nach dem Tippen der Taste 4 nur einmal die Taste 000, wobei der Stiftenschlitten gleich um 3 Wertstellen weiterspringt, und dann gleich die Taste 5. Dadurch wird selbstverständlich die Arbeitsgeschwindigkeit sehr erhöht.

Wenn von der Tastatur abgesehen wird, ähnelt die Astra-Maschine in ihrem Äußeren sehr den modernen Volltastenmaschinen. Sie besitzt auch alle wesentlichen Einrichtungen und Vorzüge der letzteren, wie z. B. selbsttätigen Summen- und Zwischensummendruck, einen querverschiebbaren breiten Papierwagen für Queraddition und Tabellenrechnung, Repetiervorrichtung für Multiplikation, Umstellung für Addition und Subtraktion usw. Der Druck ist sichtbar, ermöglicht also die Kontrolle der Einstellung. Auf den Wert des sichtbaren Druckes für die Kontrolle wurde schon auf S. 54 hingewiesen. Die Kontrolle der Einstellung vor der Übertragung des getippten Postens auf das Zählwerk und Druckwerk, die bekanntlich durch Umlegen des Handhebels bewirkt wird, ist allerdings bei den Zehntastenmaschinen nicht möglich, da die Tasten nicht, wie bei den Volltastenmaschinen, unten stehen bleiben. Demgegenüber wird aber eingewandt, daß die jedesmalige Kontrolle des eingestellten Postens durch Beobachtung der niedergedrückten Tasten, wie sie bei den Maschinen mit Volltastatur ausgeübt werden kann, zu viel Zeit erfordere, ohne doch einen Irrtum tatsächlich auszuschließen, daß der geübte Maschinenrechner davon also keinen Gebrauch mache. Die Kontrolle müsse ohnehin durch Vergleichen des Druckblattes später ausgeführt werden. Die Kontrolle des eingestellten Postens auf dem Tastenbrett komme nur für den Anfänger in Frage.

Ob die älteren, bisher vorwiegend benutzten Volltastaturmaschinen durch die neueren Zehntastenmaschinen verdrängt werden werden, muß die Zukunft lehren.

7. DIE SPROSSENRADMASCHINEN (ODHNER-MASCHINEN)

Wir betrachten als erste Gattung der Rechenmaschinen (Multipliziermaschinen)[1] die Sprossenradmaschinen, die häufig auch als

---

[1] Über die Bezeichnungen vgl. S. 21 u. ff.

Odhner-Maschinen bezeichnet werden, weil ihnen der Erfinder Odhner zuerst die heute gebräuchliche. Form gegeben hat. Diese Maschinen ähneln insofern den im vorigen Kapitel besprochenen Addiermaschinen mit Antriebhebel, als sich bei ihnen der Arbeitsgang ebenfalls in zwei Stufen abspielt, nämlich in Einstellung und Antrieb (Übertragung). Der Summand wird zunächst eingestellt, und zwar fast ausschließlich durch Einstellhebel. Alsdann dreht man eine Antriebkurbel; dadurch wird der eingestellte Summand auf das Zählwerk übertragen.

Unterschiede zwischen Sprossenrad-Rechenmaschinen und Addiermaschinen. Aber ein wesentlicher Unterschied liegt gegenüber den Addiermaschinen vor. Während die Addiermaschinen in erster Linie für die Addition bestimmt sind, sind die Sprossenradmaschinen gleich gut für alle vier Spezies geeignet. Man kann zwar mit fast allen Addiermaschinen, wie wir sahen, auch subtrahieren, multiplizieren und mit einigen auch dividieren. Aber diese Rechnungsarten bieten doch — bald mehr, bald weniger — Schwierigkeiten. Anders bei den Sprossenradmaschinen. Schon die Subtraktion vollzieht sich höchst einfach; man dreht einfach die Kurbel entgegengesetzt herum wie bei der Addition. Bei der Multiplikation mit einem mehrstelligen Multiplikator (z. B. 45) macht sich der Unterschied noch weitergehend bemerkbar. Bei den Addiermaschinen muß ja, wenn die Multiplikation mit der ersten Ziffer des Multiplikators (5) beendet ist, eine neue Tasteneinstellung vorgenommen werden, ehe mit der zweiten Ziffer (4) multipliziert wird, was immerhin eine Quelle von Fehlern werden kann und recht umständlich ist. Bei den Sprossenradmaschinen, wie auch bei allen später zu besprechenden Rechenmaschinen, ist eine Neueinstellung nicht erforderlich. Die Lage der Einstellhebel bleibt unverändert, es wird lediglich das auf einem Schlitten gelagerte Zählwerk um eine Zahlenstelle seitlich verschoben. Andere Einrichtungen kommen, wie wir sehen werden, hinzu, die die Multiplikation und Division wesentlich vereinfachen. Zu den Vorzügen der Sprossenradmaschinen gehört auch ihre Handlichkeit und geringe Größe und nicht zuletzt ihr niedriger Preis. Der Preis bewegt sich, von Ausnahmen abgesehen, in der Höhe von 500 bis 1000 Mk. Die geringe Größe, eine Folge der gedrängten Zählwerkkonstruktion, ist bemerkenswert. In der letzten Zeit sind außerdem neue Modelle auf den Markt gekommen, Miniaturausgaben der älteren, welche in dieser Hinsicht von keiner anderen Maschine auch nur näherungsweise erreicht werden. Die großen Vorzüge einer derartigen kompendiösen Anordnung liegen auf der Hand. Die Maschinen können im Büro leicht von Hand zu Hand weitergegeben werden. Sie können bequem auf das Kontobuch oder das Reißbrett aufgesetzt werden. Das Resultat ist bei den Sprossenradmaschinen sehr bequem ablesbar, leichter als bei den meisten anderen Rechenmaschinen.

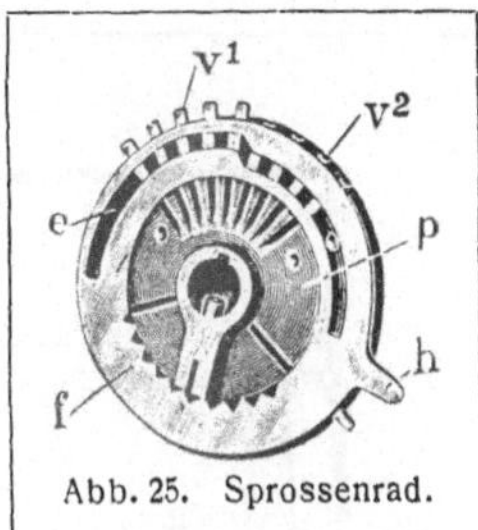

Abb. 25. Sprossenrad.

Die Addition allerdings kann, wenigstens bei den Rechenmaschinen mit Einstellhebeln, nicht mit derselben Geschwindigkeit ausgeführt werden, wie bei den Tastenaddiermaschinen. Daraus ergibt sich, welche Maschine in jedem Falle am besten geeignet ist. Soll ausschließlich oder doch vorwiegend addiert werden und kommt es auf Schnelligkeit der Arbeit an, so ist die Tastenaddiermaschine am Platze. Sollen neben der Addition vorwiegend Rechnungen in den vier Spezies oder gemischte Rechnungen aller Art ausgeführt werden, so empfiehlt sich die Rechenmaschine.

Das Sprossenrad. Abb. 25 zeigt schematisch das Antrieborgan der Sprossenradmaschine, das sogenannte Sprossenrad. Abb. 26 zeigt schematisch das Innere der Maschine. Abb. 27 zeigt das äußere Bild der älteren Sprossenradmaschine. Das Sprossenrad ist ein Zahnrad besonderer Art, nämlich ein Zahnrad, dessen Zähnezahl verändert werden kann. Durch eine eigenartige Konstruktion kann man die Zähne nach innen verschieben, derart, daß sie überhaupt nicht über den Umfang der Radscheibe hinaustreten. Oder man kann beliebig viele von den 9 Zähnen hervortreten lassen, in welch letzterem Falle das Rad dem als Sprossenrad bekannten einfachen Maschinenelement ähnelt, von dem es den Namen hat.

Das Rad besteht aus zwei drehbar miteinander verbundenen scheibenförmigen Einzelteilen p und f. Der eine dieser beiden Teile, der eigentliche Radkörper p, ist auf der Antriebwelle, die mittels der Antriebkurbel gedreht wird, festgekeilt. Abb. 26 zeigt, wie die einzelnen Radkörper p nebeneinander auf der Antriebwelle W befestigt sind. Die Antriebwelle wird durch die Handkurbel K gedreht. Der andere Teil f des Sprossenrades hat die Form einer Ringscheibe. Er kann mittels des Handgriffes h gegen den feststehenden Radkörper p gedreht werden und wird in der eingestellten Lage durch eine Sperrung festgehalten. Im festen Teil p sind, ähnlich wie die Speichen eines Rades, die radial beweglichen Zähne v_1 v_2 gelagert. Diese Zähne greifen mit einem seitlichen Ansatz in einen eigenartigen, kurvenförmigen Schlitz e der Einstellscheibe f. Verdreht man die Einstellscheibe

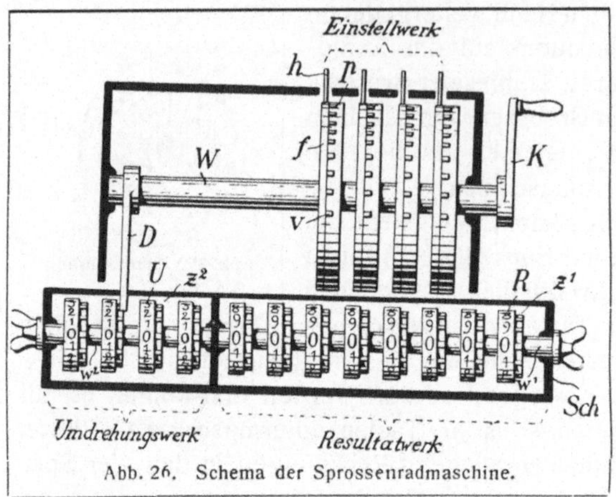

Abb. 26. Schema der Sprossenradmaschine.

mittels des Handgriffes h gegen den feststehenden Radkörper, so stoßen die ungefähr in der Mitte des Kurvenschlitzes sichtbaren Abschrägungen gegen die seitlichen Ansätze der Zähne und schieben diese nach außen oder nach innen. In Abb. 25 ist die Ringscheibe so eingestellt, daß 5 Zähne v^1 nach außen geschoben und 4 Zähne v^2 eingezogen sind.

Die Handgriffe h (Einstellhebel) ragen nun, wie aus Abb. 26 zu erkennen ist, durch einen Schlitz des Gehäusebleches nach außen, können vom Rechner erfaßt und auf eine Zahl der neben dem Einstellschlitz stehenden Ziffernskala eingestellt werden. Stellt man den Einstellhebel auf die Zahl 1 ein, so ist im Innern der Maschine gerade 1 Zahn aus dem Radumfang nach außen hervorgetreten; stellt man den Einstellhebel auf die Zahl 2, so sind 2 Zähne hervorgetreten usw. Für jede Zahlenstelle (Dezimalstelle) ist natürlich je ein Sprossenrad und je eine Zahlenrolle vorgesehen. Die Zahl 24 wird eingestellt, indem man den Einstellhebel der Zehnerstelle auf 2 und den der Einerstelle auf 4 einstellt. Entsprechend treten am Zehner-Sprossenrad 2 und am Einer-Sprossenrad 4 Zähne nach außen. Damit ist die Einstellung beendet.

Es erfolgt nunmehr die Antriebbewegung (Übertragung auf das Zählwerk). Die Handkurbel K wird einmal herumgedreht und dadurch auch die Antriebwelle W mit sämtlichen darauf befestigten Sprossenrädern einmal gedreht. Die vorstehenden Zähne greifen dabei in die gegenüberliegenden Zahnräder Z^1 (Abb. 26) der Zahlenrollen R ein. Somit wird die Zehnerrolle um 2, die Einerrolle um 4 Zahlen weitergedreht. Der Summand 24 ist auf das Zählwerk übertragen.

Bei der Subtraktion wird die Kurbel umgekehrt gedreht. Infolgedessen bewegen sich die Zahlenrollen umgekehrt wie vorhin; die Zahlen folgen einander unter den Schaulöchern nicht im additiven Sinne 0, 1, 2, 3 ... 9, sondern im subtraktiven 0, 9, 8, 7 ... 1.

Die Multiplikation und Division wird, wie bei den Addiermaschinen, durch wiederholte Addition und Subtraktion ausgeführt. Die Ausführung dieser Rechnungen wird aber durch zwei besondere, für die Rechenmaschinen (Multipliziermaschinen) im Gegensatz zu den Addiermaschinen charakteristische Einrichtungen sehr erleichtert, nämlich durch die Schlittenverschiebung und das Umdrehungszählwerk.

Die Schlittenverschiebung. Wir sehen in Abb. 26 die quer durch die Maschine hindurchlaufende, durch die Antriebskurbel K gedrehte Antriebswelle W. Darauf sind nebeneinander die Sprossenräder p befestigt, deren einstellbare Antriebzähne v durch kleine Rechtecke angedeutet sind. In der Zeichnung sind der Übersichtlichkeit wegen nur vier Sprossenräder angenommen; in Wirklichkeit sind immer mindestens acht oder neun, vielfach noch erheblich mehr vorhanden. Den Sprossenrädern gegenüber liegen die Zahlenrollen R mit ihren Zahnrädern Z^1, die lose auf ihrer Welle w^1 drehbar sind.

Diese Zahlenrollen sind nun in einem besonderen, allgemein als Zählwerkschlitten oder kurz als Schlitten bezeichneten Gehäuse Sch gelagert, welches in der Richtung der Welle der Zahlenrollen, also quer zu den Sprossenrädern, verschoben werden kann. In der Normalstellung steht das Einersprossenrad der Einerzahlenrolle gegenüber. Abb. 26 zeigt den Schlitten um zwei Stellen, d. h. zweimal um den Abstand zweier Zahlenrollen, nach rechts verschoben. Wenn der Schlitten diese letztere Stellung einnimmt, arbeitet das Einersprossenrad nicht mehr auf die Einerzahlenrolle, sondern auf die Hunderterrolle. Das Resultat nimmt also einen hundertmal größeren Wert an. Eine Multiplikation mit einem mehrstelligen Multiplikator, z. B. 24×13 würde sich also folgendermaßen abspielen: Der Multiplikand 24 wird, wie oben angegeben, im Einstellwerk eingestellt. Der Schlitten nimmt hierbei zunächst die Normalstellung ein. Alsdann wird die Antriebskurbel dreimal gedreht; damit ist $24 \times 3 = 24 + 24 + 24$ auf das Zählwerk übertragen. Der Schlitten wird nun um eine Stelle nach rechts verschoben und die Kurbel einmal gedreht. Damit ist auch $24 \times 10 = 240$ auf das Zählwerk überführt.

Das Umdrehungszählwerk. Wir sehen aus Abb. 26, daß im Schlitten links von den Zahlenrollen R noch eine zweite Serie von Zahlenrollen U angeordnet ist. Diese Zahlenrollen dienen dazu, die Umdrehungen der Antriebskurbel zu zählen, deren Anzahl ja angibt, wie oft der eingestellte Multiplikand addiert wurde, und demnach dem Multiplikator entspricht. Aus diesem Grunde wird dieses zweite, links liegende Zählwerk gewöhnlich als Umdrehungszählwerk (kurz:

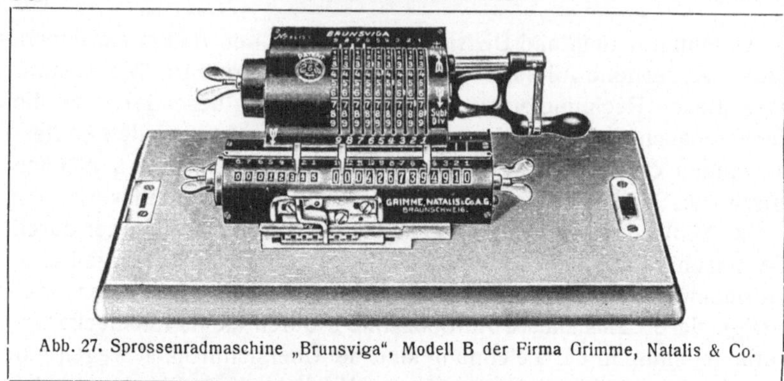

Abb. 27. Sprossenradmaschine „Brunsviga", Modell B der Firma Grimme, Natalis & Co.

Umdrehungswerk) oder Multiplikatorzählwerk (kurz: Multiplikator) bezeichnet, während das erste, rechts liegende als Resultat- oder Produktenzählwerk bezeichnet wird.

Die Zahlenrollen U des Umdrehungswerkes unterscheiden sich schon äußerlich von denen des Resultatwerkes. Während die Zahlenrollen des letzteren nämlich nur eine einzige Folge von Ziffern von 0—9 aufweisen, zeigen diejenigen des ersteren zwei Folgen von Ziffern in der Reihenfolge 9, 8, 7 . . . 1, 0, 1 . . . 7, 8, 9, d. h. also die Ziffern steigen von 0 an in beiden Richtungen bis 9 an.

Der Antrieb des Umdrehungswerkes erfolgt durch einen einzelnen, auf der Antriebwelle W befestigten langen Daumen D. Bei jeder Umdrehung der Antriebwelle greift dieser Daumen oder Einzahn D in das ihm gegenüberliegende Zahnrad Z^2 der Zahlenrolle U ein und dreht diese somit um so viele Zahlen weiter, als die Antriebwelle W Umdrehungen ausführt. Bei unserem Beispiele 24 × 13 schaltet der Einzahn also zunächst die Einerrolle des Umdrehungswerkes um drei Zahlen weiter. Bei der darauffolgenden Schlittenverschiebung um eine Stelle verschiebt er sich gegen das Umdrehungswerk; er steht demnach nach der Schlittenverschiebung der Zehnerrolle gegenüber und schaltet diese um eine Zahl weiter. Stand das Zählwerk vorschriftsmäßig vorher auf 0, so zeigt es also jetzt den Multiplikator 13 an.

Eine Zehnerschaltung ist bei dieser älteren Ausführung des Umdrehungswerkes nicht erforderlich und deswegen nicht vorhanden. Die Zahlenrollen drehen sich ja immer nur von 0—9, nicht darüber hinaus; denn die Zahlen des Multiplikators können in jeder Zahlenstelle nicht größer als neun sein. Eine Zehnerschaltung würde nur beim Übergang der Zahlenrolle von 9 auf 0 erforderlich werden.

Bei der Division dreht man die Kurbel im entgegengesetzten Sinne herum. Somit drehen sich auch der Einzahn D und die Zahlenrollen U des Umdrehungswerkes entgegengesetzt herum. Dies ist der Grund, warum eine zweite Folge von Ziffern auf den Zahlenrollen aufgetragen sein muß; denn auch in diesem Falle müssen die Umdrehungen der Antriebwelle ja, von 0 an fortschreitend zu 1, 2 usw., gezählt werden. Es erscheinen also hierbei die Zahlen der zweiten Folge, die Divisionszahlen, die zum Unterschied gegen die der ersten Folge anders, gewöhnlich rot gefärbt sind. Diese Zahlen entsprechen dem Quotienten. Das Umdrehungszählwerk wird daher auch häufig als Quotientenzählwerk (kurz: Quotient) bezeichnet.

Vielseitige Anwendungsmöglichkeit der Sprossenradmaschinen. Um zu zeigen, wie vielseitig die Maschine arbeitet und wie sie für Rechnungen der verschiedensten Art benutzt wird, sollen einzelne Rechenbeispiele herausgegriffen werden. Die Anwendungsmöglichkeit ist mit diesen Beispielen bei weitem nicht erschöpft. Aus den Gebrauchsanleitungen der herstellenden Firmen ist vielmehr zu ersehen, daß fast alle im praktischen Leben gewöhnlich vorkommenden Rechnungen mit der Maschine ohne besondere Schwierigkeiten auszuführen sind. Der Übersichtlichkeit wegen sind im folgenden nur einfachere Aufgaben mit kleineren Zahlen ausgeführt. Selbstredend rechnet die Maschine mit größeren Zahlen ebenso rasch und sicher.

1. Addition und Subtraktion: Der Summand (bzw. der Subtrahend) wird, wie bereits besprochen, durch Drehen der Einstellhebel h (Abb. 26) auf die entsprechenden Ziffern der Einstellskalen eingestellt und durch eine einmalige Drehung der Handkurbel K rechts (bzw. links) herum auf das Resultatwerk R übertragen.

2. Multiplikation: 4689×187. Der Multiplikand 4689 wird, wie bei der Addition, im Einstellwerk h eingestellt. Alsdann wird zunächst mit 1 multipliziert. Da man aber in Wirklichkeit nicht mit 1, sondern mit 100 multiplizieren muß, ist der Schlitten um zwei Stellen nach rechts zu verschieben (im folgenden abgekürzt 2 $V\rightarrow$). Die Verschiebung erfolgt durch das vorn am Schlitten sichtbare Hebelwerk (Abb. 27). Darauf erfolgt eine einmalige Kurbeldrehung rechts herum, also im positiven oder additiven Sinne (abgekürzt 1 $K+$). Nunmehr ist mit 8 zu multiplizieren. Demnach zunächst eine Schlittenverschiebung nach links um eine Dezimalstelle (1 $V\leftarrow$) und sodann 8 Kurbeldrehungen (8 $K+$). In entsprechender Weise wird die Multiplikation mit 7 durch 1 $V\leftarrow$ und 7 $K+$ ausgeführt. Im Resultat-

werk R erscheint das Produkt 876843, im Umdrehungswerk U der Multiplikator 187.

Man braucht die Umdrehungen der Kurbel nicht aufmerksam zu zählen, sondern beobachtet einfach das Umdrehungswerk und kurbelt so lange, bis dort die richtige Zahl erscheint. Wie man sieht, sind im ganzen $1 + 8 + 7 = 16$ Kurbeldrehungen erforderlich. Tatsächlich wird der geübte Maschinenrechner in diesem Falle nach einem anderen, abgekürzten Verfahren rechnen, das später zu besprechen sein wird und nur 6 Kurbeldrehungen erfordert.

3. Division: 4550 : 125. Die Division wird durch wiederholte Subtraktion des Divisors 125 von dem im Resultatwerk eingestellten Dividendus 4550 ausgeführt. Man hat also zunächst 4550 in das Resultatwerk zu bringen. Das geschieht durch Einstellung von 4550 im Einstellwerk h und $1\ K +$. Im Umdrehungswerk erscheint eine 1. Diese ist durch einmalige Drehung des Nullstellhandgriffes zu löschen. Darauf wird der Divisor 125 im Einstellwerk eingestellt und der Schlitten um eine Stelle nach rechts verschoben, um zunächst 125, wie beim Kopfrechnen, von 455 subtrahieren zu können. Zu diesem Zwecke muß die 125 gegen die 455 eingestellt werden. Es entsteht also das folgende schematische Bild der Maschine:

$$\begin{array}{r|l} & 0125 \longleftarrow \text{Einstellwerk} \\ \text{Umdrehungswerk} \longrightarrow 0000 & 00004550 \longleftarrow \text{Resultatwerk.} \end{array}$$

Darauf subtrahiert man 125 von 455 durch Linksdrehung der Kurbel, so lange dies möglich ist. Nach $3\ K -$, also nach Subtraktion von $3 \times 125 = 375$, erscheinen im Resultatwerk statt der Zahlen 455 die Zahlen 80. Eine nochmalige Subtraktion ist, wie man sieht, nicht möglich. Würde man versehentlich eine Kurbeldrehung im subtraktiven Sinne zu viel ausführen, so macht man sie einfach durch eine Kurbeldrehung im additiven Sinne wieder rückgängig. Wenn man versehentlich einmal zu oft gekurbelt hat, so wird man durch ein selbsttätig ertönendes Glockensignal hierauf aufmerksam gemacht. Im Umdrehungszählwerk erscheint nach $3\ K -$ in der Zehnerstelle eine 3; diesmal, da der zweiten Folge der Zahlen, den Divisionszahlen, zugehörig, in roter Farbe. Darauf $1\ V \longleftarrow$. Die Maschine bietet jetzt folgendes Bild:

$$\begin{array}{r|l} & 0125 \longleftarrow \text{Einstellwerk} \\ \text{Umdrehungswerk} \longrightarrow 0030 & 00000800 \longleftarrow \text{Resultatwerk.} \end{array}$$

Nach $6\ K -$, also nach Subtraktion von $6 \times 125 = 750$, erscheint folgendes Bild:

$$0125 \leftarrow \text{Einstellwerk}$$

Umdrehungswerk $\rightarrow$ 0036 | 00000050 $\leftarrow$ Resultatwerk.

Demnach ist der Quotient 36 und der Rest 50. Es ist auch bei der Division nicht nötig, das Resultatwerk zu beobachten. Man kurbelt einfach so lange, bis das Glockensignal ertönt, ein Zeichen dafür, daß man einmal zu oft subtrahiert hat. Es ist dann die Korrektur durch 1 K +, also durch Addition des zu viel subtrahierten Betrages, vorzunehmen und der Schlitten in die nächste Stelle zu verschieben. Außer dem vorstehend erklärten Divisionsverfahren gibt es verschiedene andere, die von manchen Rechnern bevorzugt werden. So kann man z. B. die Division auf multiplikativem Wege ausführen, indem man den im Einstellwerk eingestellten Divisor durch Rechtsdrehung der Kurbel, also additiv, so lange in das Resultatwerk hineinkurbelt, bis dort der Dividend erscheint. Im Umdrehungswerk muß dann der Quotient erscheinen.

4. Potenzierung: 359^2. Die Potenzierung wird durch Multiplikation 359×359 ausgeführt.

5. Radizierung: Die Radizierung wird nach einem verhältnismäßig einfachen, besonders für das Maschinenrechnen erfundenen Verfahren ausgeführt, dessen Erklärung hier mit Rücksicht auf den beschränkten Raum übergangen werden muß.

6. Multiplikation in Verbindung mit Addition und Subtraktion: $(27 \times 34) + (325 \times 5) - (37 \times 85)$. Das erste Produkt 27×34 wird, wie vorher, ausgerechnet, es erscheint im Resultatwerk. Während man nun sonst nach jeder Multiplikation selbstverständlich das Resultat durch eine einmalige Umdrehung des Flügelgriffes auszulöschen hat, ehe man eine neue Aufgabe beginnt, läßt man das Resultat in diesem Falle unverändert stehen. Es erfolgt dann die zweite Multiplikation 325×5 in derselben Weise. Dieses zweite Produkt addiert sich nun im Resultatwerk, da dieses nicht auf 0 steht, sondern schon das erste Produkt enthält, ohne weiteres zu dem ersten Produkt. Darauf wird die dritte Multiplikation 37×85 ausgeführt, indessen nicht mit additiver Rechtsdrehung der Kurbel, wie sonst, sondern mit subtraktiver Linksdrehung. Das dritte Produkt wird demnach von der bereits im Resultatwerk stehenden Zahl abgezogen und es erscheint dort das Gesamtresultat.

7. Rabatt- und Prozentrechnung: Von 3572 Mk. sind $3^0/_0$ in Abzug zu bringen. 3572 wird im Einstellwerk eingestellt. Darauf 2 $V \rightarrow$ und 1 K +. Die Maschine zeigt folgendes Bild:

$$\begin{array}{r|l} & 3572 \\ 0100 & 003572{,}00. \end{array}$$

Man markiert das Dezimalkomma im Resultatwerk an der aus obigem
Schema ersichtlichen Stelle, indem man einen kleinen Stellschieber
(Abb. 27) auf seiner Führungsleiste verschiebt und zwischen die entsprechenden Zahlenrollen einstellt. Darauf 2 $V \leftarrow$ und 3 $K -$, um
$^3/_{100}$ von 3572 zu subtrahieren. Die Maschine zeigt jetzt folgendes Bild:

$$\begin{array}{r|l} & 3572 \\ 0103 & 003464{,}84. \end{array}$$

Das Resultat ist demnach 3464,84 Mk.

Neuere Ausführungen der Sprossenradmaschinen. Die in Abb. 27
dargestellte ältere Ausführungsform, welche der zuerst von Odhner
hergestellten Maschine ähnelt, ist wegen ihrer Einfachheit und Billigkeit noch immer beliebt. Später ist eine größere Anzahl von neuen
verbesserten Modellen auf den Markt gekommen, von denen einige
der hauptsächlichsten hier kurz besprochen werden sollen.

Verbesserungen am Einstellwerk. Die Verbesserungen betreffen
zunächst das Einstellwerk. Bei den Maschinen gemäß Abb. 27 und 29
sind die Einstellhebel nur kurz und nicht gerade bequem zu erfassen
und zu verstellen. Sie müssen so kurz sein, weil sie sich mit dem
Sprossenrade zusammen herumdrehen und bei größerer Länge gegen
die anderen inneren Teile der Maschine stoßen würden.

Die Abb. 28, welche das Modell „Brunsviga J" der schon im dritten
Kapitel erwähnten Firma Grimme, Natalis & Co. in Braunschweig wieder-
gibt, zeigt eine Maschine mit langen, bequem zu erfassenden Ein-

Abb. 28. Sprossenradmaschine „Brunsviga", Modell J der Firma Grimme, Natalis & Co.

stellhandgriffen (s. die weißen Handgriffe). Diese Einstellhebel machen die Drehung der Sprossenräder nicht mit, sondern bleiben bei der Kurbeldrehung stehen. Bei der Einstellung sind die Handgriffe mit den neben ihnen liegenden ringförmigen Einstellscheiben (f in Abb. 25) gekuppelt, d. h. durch besondere ausrückbare Verbindungsteile zu gemeinsamer Bewegung verbunden. Eine Verstellung der Handgriffe bewirkt also eine Drehung der Einstellscheiben und somit in der üblichen Weise eine Einstellung der Sprossenzähne. Um die Kupplung herzustellen und die Einstellung zu ermöglichen, muß auf einen links vom Kurbelhandgriff liegenden Knopf gedrückt werden. Sobald dann die Einstellung beendet ist und man die Handkurbel zu drehen beginnt, wird die Kupplung selbsttätig ausgelöst. Die Handgriffe bleiben stehen und die Einstellscheiben können sich mit den Sprossenrädern herumdrehen.

Verbesserungen am Kontrollwerk. Ein fernerer Übelstand der älteren Maschine zeigte sich bei der Kontrolle der Einstellung. Es wurde bereits in den früheren Kapiteln besprochen, daß es wertvoll ist, wenn man die Einstellung der Einstellorgane durch einen kurzen schnellen Blick noch einmal kontrollieren kann, ehe man die Übertragung auf das Zählwerk ausführt. Nun kann zwar bei den älteren Maschinen die Einstellung der Hebel h auch kontrolliert werden, aber nicht sehr bequem und sicher; denn die Einstellhebel der verschiedenen Zahlenstellen stehen zickzackförmig durcheinander neben den verschiedenen Einstellzahlen. Die neueren Maschinen besitzen ein besonderes Kontrollwerk, welches es ermöglicht, die eingestellten Zahlen in einer geraden Linie nebeneinander in Schauöffnungen abzulesen. Bei der „Brunsviga J" (Abb. 28) liegt das Kontrollwerk unter den Einstell-

Abb. 29. Sprossenradmaschine „Triumphator" der Rechenmaschinenfabrik Triumphatorwerk.

hebeln. Abb. 29 stellt eine Maschine der Rechenmaschinenfabrik Triumphatorwerk in Leipzig-Mölkau dar. Dort liegt das Kontrollwerk über den Einstellhebeln.

Verbesserungen am Umdrehungswerk. Die abgekürzte Multiplikation. Um die neueren Konstruktionen des Umdrehungswerkes verstehen zu können, ist es zunächst erforderlich, sich das Wesen der sogenannten „abgekürzten" Multiplikation klar zu machen. Wenn ein geübter Kopfrechner die Aufgabe 75×99 zu lösen hat, wird er nicht, wie sonst üblich, die zweimalige Multiplikation 75×9 ausführen, sondern statt 75×99 setzen $75 \times (100 - 1)$; d. h. er wird 75 mit 100 multiplizieren und 75 subtrahieren, also $7500 - 75 = 7425$ rechnen.

Genau so verfährt der geübte Maschinenrechner. Er würde also das oben angegebene Multiplikationsbeispiel 4689×187 nicht in der dort beschriebenen Weise rechnen, sondern nach der Formel $4689 \times (200 - 13)$. Demnach ist der Schlitten zunächst um 2 Dezimalstellen nach rechts zu schieben und 2 mal im additiven Sinne zu kurbeln ($2 V \rightarrow$ und $2 K +$). Alsdann $1\ V \leftarrow$ und $1\ K -$ und schließlich $1\ V \leftarrow$ und $3 K -$. Man würde so mit $2 + 1 + 3 = 6$ Kurbeldrehungen statt mit $1 + 8 + 7 = 16$ auskommen und so wesentlich an Zeit und Arbeit sparen. Das Verfahren der abgekürzten Multiplikation ist leicht zu erlernen und jedem Maschinenrechner durchaus geläufig.

Wie verhält sich nun aber das ältere, in Abb. 26 u. 27 dargestellte Umdrehungswerk bei der abgekürzten Multiplikation? Wir sahen, daß die Räder des Umdrehungswerkes zwei Folgen von Ziffern aufweisen, die eine mit weißen, die andere mit roten Ziffern. Das Umdrehungswerk arbeitet bei additiven und subtraktiven Kurbeldrehungen stets so, daß die Ziffern von 0 aus in der Reihenfolge 1, 2, 3 ... bis 9 ansteigen, nur mit dem Unterschiede, daß bei additiven Kurbeldrehungen die weißen Ziffern erscheinen und bei subtraktiven die roten. Würde man also $4689 \times (200 - 13)$ in der eben besprochenen Weise rechnen, so würde das Umdrehungswerk 2 1 3 anzeigen, und zwar die Zahl 2 in weiß, die Zahlen 1 und 3 in rot. Der Multiplikator 187 wird also bei der abgekürzten Multiplikation nicht richtig angezeigt, und um die Rechnung durch einen Blick auf das Umdrehungswerk kontrollieren zu können, muß man erst im Kopfe eine Umformung vornehmen. Man muß die roten Ziffern von den weißen subtrahieren, also $200 - 13 = 187$ im Kopfe ausrechnen. Ein Multiplikator 8097 würde in der Form 1 2 1 0 3 erscheinen. Die Notwendigkeit dieser Umformung wird natürlich als störend und unbequem empfunden und kann leicht eine Quelle von Fehlern werden.

Die schwierige Aufgabe, ein auch bei der abgekürzten Multiplikation richtig anzeigendes Umdrehungswerk zu konstruieren, hat verschiedene Lösungen gefunden. Die schon erwähnte Firma Triumphatorwerk in Leipzig-Mölkau gibt ihren Maschinen, von denen ein Ausführungsbeispiel in Abb. 29 dargestellt ist, nur eine einzige Folge weißer Zahlen von 0 bis 9. Würde man das oben angegebene Beispiel 75×99 rechnen, so würde bei der Multiplikation 75×100 zunächst 100 im Umdrehungswerk erscheinen. Bei der Subtraktion von 75×1 würde sich das Einerrad des Umdrehungswerkes rückwärts von 0 auf 9 drehen. Man sieht, daß zur Erzielung des richtigen Multiplikators 99 eine Zehnerübertragung im Umdrehungswerk vorhanden sein muß. Diese dreht bei Übergang des Einerrades von 0 auf 9 das Zehnerrad ebenfalls um eine Zahl rückwärts von 0 auf 9 und infolgedessen auch das Hunderterrad um eine Zahl rückwärts von 1 auf 0, so daß richtig 99 angezeigt wird.

Nun würde das Umdrehungswerk zwar bei der Multiplikation richtig anzeigen. Bei der Division würden sich die Zahlenräder aber ebenfalls rückwärts von 0 auf 9, 8, 7 usw. drehen. Das darf nicht sein; die Zahlenscheiben müssen sich bei der Division ja ebenso wie bei der gewöhnlichen Multiplikation vorwärts von 0 auf 1, 2, 3 usw. drehen. Es muß daher beim Übergang von Multiplikation auf Division (und natürlich auch umgekehrt) jedesmal eine Umschaltung vorgenommen werden, welche die Drehrichtung des Umdrehungswerkes umkehrt. Zu diesem Zwecke ist ein kleiner Hebel umzulegen, der in Abb. 29 links vom Einstellwerk sichtbar ist.

Bei neueren Modellen der Firma Grimme, Natalis & Co. in Braunschweig ist dieses Umlegen eines Hebels nicht erforderlich. Das — selbstverständlich mit Zehnerübertragung ausgerüstete — Umdrehungswerk besitzt, wie die älteren Modelle, weiße Zahlen für die Multiplikation und rote Zahlen für die Division. Beim Übergang von Multiplikation auf Division und umgekehrt schalten sich selbsttätig die richtigen Zahlen ein. Auch bei den vom Thaleswerk in Rastatt hergestellten Thales-Maschinen findet eine ähnliche selbsttätige Umschaltung von Multiplikation auf Division statt.

Zu der in der Praxis heftig umstrittenen, aber in ihrer Bedeutung wohl etwas übertriebenen Frage, ob das Umdrehungswerk mit weißen und roten Zahlen oder dasjenige mit weißen vorzuziehen sei, soll hier nicht Stellung genommen werden.

Maschinen mit zwei Zählwerken. Wir sahen auf S. 69, daß man imstande ist, mit der Sprossenradmaschine einzelne Produkte zu errechnen und diese Produkte zu addieren oder zu subtrahieren. Bei den gewöhnlichen Modellen werden nun die einzelnen Produkte nicht für sich sichtbar, sondern nur ihre Endsumme. Für viele kaufmännische, technische und auch wissenschaftliche Zwecke ist es aber wünschenswert, den Betrag der Einzelprodukte für sich zu wissen. Angenommen es sei folgende (der Übersichtlichkeit wegen ausnahmsweise einfach angenommene) Rechnung mit der Maschine auszuführen:

$$
\begin{array}{llll}
4 \text{ m Seide} & \text{à } 14{,}2 & \text{Mk.} = 56{,}8 \text{ Mk.} \\
5 \text{ m} \quad \text{„} & \text{à } 9{,}7 & \text{„} \ = 48{,}5 \text{ „} \\
10 \text{ m} \quad \text{„} & \text{à } 8{,}75 & \text{„} \ = 87{,}5 \text{ „} \\
\hline
& & \text{Summa } 192{,}8 \text{ Mk.}
\end{array}
$$

Hier ist es, wenn man dem Kunden eine kaufmännische Rechnung in der üblichen Form vorlegen will, erforderlich, nicht nur die Endsumme 192,8 Mk., sondern auch die Einzelprodukte 56,8 Mk., 48,5 Mk. und 87,5 Mk. in der Rechnung aufzuführen und sie gesondert zu ermitteln. Zu diesem Zwecke muß die Rechenmaschine mit zwei Zählwerken ausgerüstet sein. In dem ersten werden die Einzelprodukte in der üblichen Weise errechnet und abgelesen. Nach jedesmaliger Ermittelung eines Produktes wird das Zählwerk wieder auf Null gestellt. Im zweiten Zählwerk werden die Einzelprodukte addiert. Dieses Zählwerk gibt also die Gesamtsumme an. Es wird natürlich erst nach Beendigung der gesamten Rechnung auf Null gestellt.

Eine Sprossenradmaschine mit zwei Zählwerken wird von der Firma Grimme, Natalis & Co, hergestellt (Modell *G*).

Multiplikation von drei oder mehr Faktoren, Rückübertragung vom Resultatwerk auf das Einstellwerk. Sehr häufig sind in der Praxis, z. B. bei der Berechnung des Rauminhalts und Preises von Holzstämmen, Multiplikationen von drei oder mehr Faktoren auszuführen. Solche Rechnungen werden bei der normalen Maschine, obgleich es auch andere Verfahren hierfür gibt, in der Regel in zwei Arbeitsgängen ausgeführt. Es wird zunächst das Produkt $a \times b$ in der üblichen Weise errechnet. Alsdann wird dieses Produkt $a \times b$ oben im Einstellwerk genau so neu eingestellt, wie man es unten im Resultatwerk abliest. Es erfolgt nunmehr die Multiplikation des neuen Wertes $a \times b$ mit dem dritten Faktor c, worauf im Resultatwerk das Endprodukt $a \times b \times c$ abzulesen ist. Die Übertragung des ersten Teilproduktes $a \times b$ von unten nach oben ist natürlich zeitraubend und kann zur Quelle von Fehlern werden, wenn man ungenau abliest oder einstellt.

Das Modell *N* von Grimme, Natalis & Co. besitzt eine Einrichtung zur mechanischen Übertragung des Produktes $a \times b$ auf das Einstellwerk. Zu diesem Zwecke stellt man zunächst (durch eine geringe seitliche Verschiebung des Zählwerkschlittens) eine Kupplung zwischen den Zahlenrädern des Resultatzählwerkes und den mit dem Kurvenschlitz versehenen Stellscheiben (f in Abb. 25) des Einstellwerkes her. Die letzteren sind hierfür am Außenrande mit einer Verzahnung versehen, in welche die Zahnräder des Resultatwerkes nach der Schlittenverstellung so zum Eingriff kommen, daß sich bei einer Drehung der Resultaträder die Stellscheiben mitdrehen. Wenn man nun das Resultatwerk auf Null stellt, dreht sich jedes Zahlenrad um so viel Zahlenteilungen rückwärts, wie die vorher im Schauloch erscheinende Zahl angibt. Die mit dem Zahlenrad gekuppelte Stellscheibe, die natürlich vorher auf Null gebracht wurde, bewegt sich um eben so viele Zahlenteilungen vorwärts, nimmt also den vorher vom Zahlenrad angezeigten Wert auf. In der gleichen Weise kann man später auch das Produkt $a \times b \times c$ auf das Einstellwerk zurückübertragen, um dann mit einem vierten Faktor multiplizieren zu können usw.

„**Trinks-Triplex**" „**Triumphator-Duplex**". Man kann die Multiplikation von drei oder mehr Faktoren auch nach einem anderen Verfahren ausführen. Es beruht darauf, daß die Maschine gewissermaßen in zwei nebeneinanderliegende getrennte Maschinen zerlegt oder gespalten wird, so daß gleichzeitig zwei Rechnungsfaktoren im Einstellwerk eingestellt werden können. Man denkt sich quer durch das Einstell- und Resultatwerk, etwa zwischen der fünften und sechsten Dezimalstelle von rechts, eine Trennungswand gezogen. Statt einer normalen 9stelligen Maschine würde man also eine rechtsliegende 5stellige und eine linksliegende 4stellige erhalten, in denen man gleichzeitig verschiedene Rechnungen ausführen kann. Hat man nun beispielsweise zu berechnen $23 \times 43 \times 17$, so stellt man im linken Einstellwerk 23, im rechten 43 ein und multipliziert in der üblichen Weise mit 17. Man erhält dann im linken Resultatwerk $23 \times 17 = 391$, im rechten $43 \times 17 = 731$. Nun löscht man 23 im linken Einstellwerk aus, indem man die Stellhebel auf Null zurückstellt, und multipliziert den im rechten Einstellwerk stehenbleibenden Wert 43 mit dem soeben erhaltenen Wert 391 ($= 23 \times 17$), indem man 391 in das Umdrehungswerk hineinkurbelt. Im rechten Resultatwerk muß dann das Gesamtresultat 16813 erscheinen.

Man sieht, daß die Verwendung einer normalen Maschine mit etwa 9 oder 13 stelligem Einstellwerk bei dieser Methode beschränkt ist, da man wegen der Beschränkung der Stellenzahl für die (gedachten) Einzelmaschinen nur kleinere Zahlen einstellen kann. Für viele Zwecke, wie

Abb. 30. Srpossenradmaschine mit Druckwerk „Trinks Arithmotyp" der Firma Grimme,
Natalis & Co.

z. B. geodätische Rechnungen, muß aber die Möglichkeit der Einstellung
größerer Zahlen gegeben sein. Für diese Zwecke (aber auch für andere
Spezialrechnungen) ist die „Trinks-Triplex" konstruiert worden, die 20
Stellen im Einstellwerk und im Resultatwerk besitzt. Diese Maschine
vereinigt also gewissermaßen drei Maschinen in sich, da sie außer den
beiden, durch Spaltung in der vorbeschriebenen Weise entstandenen
Einzelmaschinen noch eine dritte, nach Aufhebung der Spaltung ent-
stehende, 20 stellige Maschine umfaßt.

Ähnlichen Rechenzwecken dient die „Triumphator-Duplex".

Maschinen mit Druckwerk „Trinks Arithmotyp". Bei der Besprechung der Addiermaschinen mit Antriebhebel im sechsten Kapitel
wurde bereits auf den Wert des Druckwerkes für die nachträgliche Kontrolle der Rechnung hingewiesen. Die Firma Grimme, Natalis & Co.
baut eine Sprossenradmaschine mit Druckwerk, die „Trinks Arithmotyp",
so benannt nach dem leitenden Direktor Trinks, der sich um die Einführung und die konstruktive Durchbildung der Sprossenradmaschinen
große Verdienste erworben hat. Abb. 30 zeigte eine Seitenansicht der
Maschine. Wir sehen hinten an der Maschine einen Papierwagen, ähnlich dem der Schreibmaschine. Für jede Dezimalstelle ist ähnlich wie
bei der in Abb. 19 dargestellten Burroughsschen Maschine ein Typen-
bogen vorgesehen, der an seinem Umfange die Typen von 0 bis 9
trägt. Der Abdruck erfolgt selbsttätig bei der Kurbeldrehung. Wie
bei den Addiermaschinen, sind auch hier Vorrichtungen zum selbsttätigen Abdruck des im Resultatwerke stehenden Resultates vorhanden.

8. DIE STAFFELWALZENMASCHINEN (THOMAS-MASCHINEN)

Die Staffelwalzen- oder Thomas-Maschinen sind den Sprossenradmaschinen nahe verwandt. Alle wesentlichen Teile der letzteren kehren bei den Thomas-Maschinen in ähnlicher Form wieder, so das Einstellwerk, die Antriebkurbel, der verschiebbare Zählwerkschlitten, hier gewöhnlich als Zählwerklineal bezeichnet, das Resultatwerk, das Umdrehungswerk. Indessen bestehen doch einige grundlegende Unterschiede, die durch das Antrieborgan, die Stufen- oder Staffelwalze, bedingt sind.

Die Staffelwalze und die Konstruktion der älteren Thomas-Maschinen. Die Abb. 31 und 32 zeigen in schematischer Form das Antrieborgan und den Aufbau der Thomas-Maschine. Abb. 32 ist eine Ansicht der Maschine von oben; an der rechten Seite ist die Deckplatte weggebrochen gezeichnet, um die Anordnung der inneren Teile zu zeigen. Die Staffelwalze a ist eine längliche Walze, auf deren Mantel neun Zähne b hervorstehen. Diese Zähne sind von verschiedener Länge, und zwar werden sie stufenförmig oder staffelförmig länger. Der zweite Zahn ist doppelt so lang als der erste, der dritte ist dreimal so lang als der erste usw. Jeder Zahnwalze a gegenüber liegt ein auf einer vierkantigen Welle c verschiebbares Stell- oder Aufnahmerädchen d. Es liegen so viele Staffelwalzen mit den dazugehörigen Stellrädchen in einer geraden Reihe nebeneinander, wie die einzustellende Zahl Dezimalstellen besitzt. Bei Abb. 32 sind nur 6 Dezimalstellen angenommen. In der Regel sind mindestens 8 oder noch mehr vorhanden. Das Stellrädchen d kann auf seiner Vierkantwelle hin und herverschoben werden. Die Verschiebung erfolgt durch einen Einstellknopf e, der unten in einer Gabel endigt, welche das Stellrädchen von beiden Seiten umfaßt. In Abb. 31 sind diese Teile der Deutlichkeit wegen fortgelassen, in Abb. 32 sind aber die Einstellknöpfe e zu erkennen, die in den Einstellschlitzen f hin und her verschiebbar sind. Eine Spitze g am Einstellknopf zeigt auf die Ziffern einer neun-

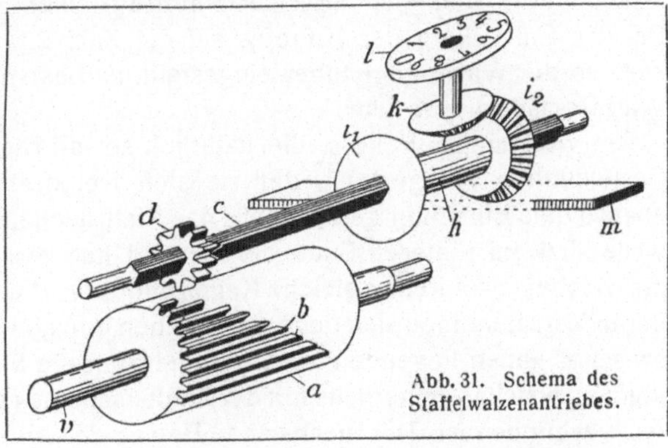

Abb. 31. Schema des Staffelwalzenantriebes.

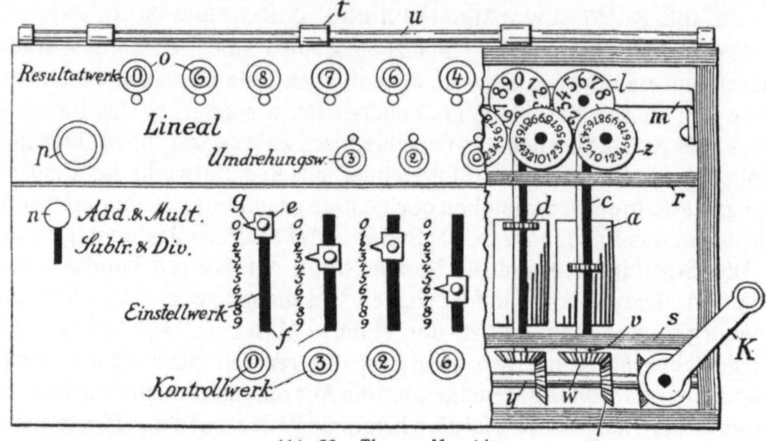

Abb. 32.   Thomas-Maschine.

ziffrigen Einstellskala. Die Einstellknöpfe entsprechen, wie man sieht, den Einstellhebeln der Sprossenradmaschinen und dienen ebenso wie diese zur Einstellung des Summanden bzw. Multiplikanden. Die Abb. 32 veranschaulicht die Einstellung auf die Zahl 32604.

Wenn nun nach der Einstellung des Summanden die Staffelwalzen gedreht werden, so greifen ihre Zähne b in die gegenüberliegenden Stellrädchen d ein und versetzen sie ebenfalls in Drehung. Der Betrag dieser Drehung wird verschieden sein, je nach der Einstellung des Stellrädchens. War der Einstellknopf auf die Zahl 1 der Einstellskala eingestellt, so hatte er das Stellrädchen mittels der Gabel so auf der Vierkantwelle verschoben, daß das Stellrädchen bei der Drehung der Staffelwalze nur von einem Zahn, nämlich von dem längsten, erfaßt wurde und sich also auch nur um einen Zahn weiterdrehte. Bei der Einstellung des Knopfes auf die Zahl 2 wurde das Stellrädchen so der Walze gegenüber eingestellt, daß es von zwei Zähnen der Walze erfaßt wurde usw.

Die vierkantige Welle c, die natürlich so mit runden Zapfen in den Gestellplatten gelagert ist, daß sie sich frei drehen kann, wird um ebensoviele Einheiten gedreht, wie das Stellrädchen. Auf der Vierkantwelle sitzt am hinteren Ende die hin und her verschiebbare Hülse h, an welcher zwei genau gleiche Kegelzahnräder i^1 und i^2 befestigt sind, deren Verzahnungen sich gegenüberstehen und abwechselnd mit einem zwischen ihnen liegenden dritten Kegelzahnrade k zusammenarbeiten können, welches seinerseits mit der Zahlenscheibe l des Resultatwerkes fest verbunden ist. Der wechselnde Betrag der Antriebbewegung, den das Stellrädchen aufnimmt, wird also durch die Vierkantwelle auf die Hülse und die Kegelräder i^1 und i^2 weitergeleitet. Die Hülse ist, wie schon bemerkt, hin und her verschiebbar, so daß entweder das hintere Kegelrad i^2 oder das vordere i^1 in das obere Kegelrad k eingreift. Die wechselnde Antriebbewegung wird demnach durch das Kegelrad k auf das Zahlenrad übertragen. Eine einfache Überlegung zeigt aber, daß sich das Zahlenrad in entgegengesetzter Richtung drehen wird, je nachdem es die Drehung von dem vorderen Kegelrad i^1 oder dem hinteren i^2 erhält. Es dreht sich also je nach der Stellung der Hülse h in additivem oder subtraktivem Sinne. Man bezeichnet eine derartige Verbindung von Kegelrädern, die eine Umkehr der Drehrichtung ermöglicht, in der Technik als Wendegetriebe.

Die Verschiebung der Hülsen zwecks Umsteuerung der Wendegetriebe erfolgt durch eine zwischen den Kegelrädern i^1 und i^2 aller Zahlenstellen hindurchlaufende gemeinsame Schiene m, die ihrerseits mittels des an der linken Seite der Maschine aus der Deckplatte herausragenden Stellgriffes n hin und her bewegt werden kann. Stellt man den Stellgriff auf die auf der Deckplatte eingravierte Bezeichnung „Add. u. Mult." ein, so wird die Schiene m nach hinten bewegt, und alle vorderen Kegelräder i^1 werden mit den Kegelrädern k in Eingriff gebracht. Die Zahlenräder bewegen sich sämtlich in additivem Sinne. Stellt man den Stellgriff auf „Subtr. u. Div." ein, so bewegt sich die Schiene nach vorn, die hinteren Kegelräder i^2 gelangen zum Eingriff und die Zahlenräder bewegen sich in subtraktivem Sinne.

Die oberen Kegelräder k mit den Zahlenschiebern l sind nebeneinander in einer linealförmigen länglichen Platte, dem Lineal, gelagert. Ihre Zahlen erscheinen durch die Schaulöcher o. Vor der Reihe der Schauöffnungen o des Resultatwerkes liegt parallel eine zweite Reihe von Schauöffnungen, in welchen die Zahlen des Umdrehungswerkes z erscheinen. Soll die Stellenverschiebung vorgenommen werden, so müssen zunächst die Kegelräder k aus den Kegelrädern i^1 bzw. i^2 nach oben ausgehoben werden. Man hebt das Lineal mittels des Handknopfes p etwas empor; es dreht sich dabei um das hinten sichtbare Scharnier. Alsdann verschiebt man das Lineal um den Abstand zweier Zahlenscheiben, wobei die Scharnieraugen t auf der Stange u seitwärts gleiten. Schließlich senkt man das Lineal wieder und bringt die Verzahnungen der Kegelradgetriebe wieder in Eingriff.

Es erübrigt noch zu erklären, wie die Staffelwalzen von der Handkurbel aus angetrieben werden. Die Wellen v der Walzen ragen durch die Gestellplatte s hindurch und tragen an ihrem Ende ein Kegel-

zahnrad *w*. Mit den Kegelrädern *w* arbeiten die gleichartigen Kegelräder *x* zusammen, welche sämtlich auf einer gemeinsamen, quer
durch die Maschine hindurchlaufenden Welle *y* sitzen. Diese wage-
rechte Welle *y* wird ihrerseits durch Vermittlung eines Kegelradpaares
von einer senkrechten Welle gedreht, an deren oberem, aus der Deckplatte herausragenden Ende die Antriebkurbel *K* sitzt. Drehe ich die
Handkurbel einmal herum, so drehen sich durch Vermittlung der
beschriebenen Kegelradverbindungen auch sämtliche Staffelwalzen
einmal herum.

Zu beachten ist, daß sich die Handkurbel immer in demselben
Sinne dreht. Die Rückdrehung wird durch ein Gesperre verhindert.
Die subtraktive Drehrichtung der Zahlenscheiben wird also nicht, wie
bei den Sprossenradmaschinen, durch umgekehrte Kurbeldrehrich-
tung erzielt, sondern, wie wir sahen, durch Umsteuerung des Wendegetriebes. Der Grund hierfür ist u. a. in der besonderen Konstruktion der Zehnerschaltung zu suchen.

**Unterschiede zwischen Thomas-Maschinen und Sprossenrad-
maschinen.** Die Unterschiede sind eine Folge der Verschiedenheit
des Antrieborganes. Die Thomas-Maschinen besitzen den Vorzug eines
verhältnismäßig weichen und ruhigen Ganges. Da die Staffelwalzen
aber der Zehnerschaltung wegen nicht unter ein gewisses Maß im
Durchmesser verkleinert werden können, wird die Entfernung von
Staffelwalze zu Staffelwalze und damit auch die Entfernung von Schauloch zu Schauloch größer als dieselbe Entfernung bei den Sprossenradmaschinen. Die Thomas-Maschine dehnt sich daher — allerdings
bei gleichzeitiger Verminderung der Höhenmaße — erheblich mehr in
die Breite aus als die Sprossenradmaschine, die Schauöffnungen des
Resultatwerkes und des Umdrehungszählwerkes rücken entsprechend
weiter auseinander. Die Zahlen des Resultates sind aus diesem Grunde
bei den Thomas-Maschinen nicht so gut zu übersehen und nicht so
bequem abzulesen wie bei den Sprossenradmaschinen, zumal da sie
in der Regel kleiner sind und tiefer liegen. Die neueren Bestrebungen
gehen dahin, diesem Mangel abzuhelfen und die Breitenmaße der
Maschine zu verringern.

Ein fernerer Unterschied liegt in der Umsteuerung für Addition
und Subtraktion bzw. für Multiplikation und Division. Die Umsteuerung erfolgt, wie oben bereits besprochen, bei den Sprossenradmaschinen einfach durch Vor- und Rückwärtsdrehen der Kurbel; bei den
Thomas-Maschinen dagegen ist die Umstellung eines besonderen Umschalthebels erforderlich. Wenn nun die Meinungen über die größere

Zweckmäßigkeit der einen oder der anderen Konstruktion auch auseinandergehen, so scheint man doch meistens die Umsteuerung durch Hin- und Herdrehung der Kurbel vorzuziehen. Namentlich bei der abgekürzten Multiplikation (vgl. S. 72), bei welcher additive und subtraktive Rechnungen beständig wechseln, wird das häufige Umstellen des Umschalthebels der Thomas-Maschine unter Umständen unbequem werden, weshalb der Thomas-Maschinenrechner von der Abkürzung meistens keinen Gebrauch macht.

Die Verschiebung des Zählwerklineals ist bei der Thomas-Maschine umständlicher, als die Verschiebung des Schlittens bei der Sprossenradmaschine. Das Zählwerklineal muß vor der seitlichen Verschiebung immer erst hochgeklappt und nach der Verschiebung wieder heruntergeklappt werden, wobei es auch vielfach nicht ohne Geräusch abgehen wird. Vorteilhaft ist aber, daß bei den Thomas-Maschinen — wiederum eine Folge der Konstruktion des Antriebes — die Möglichkeit besteht, ohne besondere Schwierigkeit eine Tasteneinstellung anzubringen, während bei den Odhner-Maschinen solche konstruktiven Schwierigkeiten entstehen, daß die Tasteneinstellung — abgesehen von einer vereinzelten Ausführung der Rechenmaschinenfabrik Rema in Braunschweig — bisher nicht zur Einführung gelangt ist. Die Thomas-Maschinen werden jetzt vielfach mit Tasteneinstellung geliefert (Abb. 33). Solche Maschinen addieren und subtrahieren ebenso schnell und bequem wie die Tastenaddiermaschinen, besitzen aber außerdem den Vorzug, daß sie auch Multiplikation und Division ebenso leicht ausführen wie Addition und Suktraktion. Sie können ihrer allgemeinen Verwendungsfähigkeit wegen als Universalmaschinen bezeichnet werden, wenn ihnen auch das Druckwerk der Addiermaschinen bisher noch fehlt. Allerdings wirkt die Hinzufügung eines Tasteneinstellwerkes wiederum in der Richtung einer Vergrößerung und Verteuerung der Maschine. Trotz der angegebenen Unterschiede haben übrigens beide Systeme ihre Freunde und erfreuen sich gleicher Beliebtheit. Auch die Preise bewegen sich annähernd auf derselben Höhe.

Das Rechnen mit der Thomas-Maschine. Die Benutzung der Thomas-Maschine entspricht fast vollständig derjenigen der Odhner-Maschine. Die bei der Besprechung dieser Maschine auf S. 67 u. ff. angegebenen Rechenaufgaben können in entsprechender Weise auch mit der Thomas-Maschine gerechnet werden.

Neuere Ausführungen der Thomas-Maschine. Die älteren Thomas-Maschinen ähneln der in Abb. 32 gegebenen schematischen Dar-

Abb. 33. Rechenmaschine Archimedes.

stellung. Sie sind wegen ihrer Einfachheit und Billigkeit auch heute noch beliebt. In den letzten Jahren ist jedoch auch hier eine große Anzahl neuer Modelle auf den Markt gekommen. Die Maschinen sind zum Teil so verändert, daß sie kaum noch den älteren Thomas-Maschinen gleichen und daher auch gar nicht mehr so bezeichnet werden.

Die meisten neueren Maschinen besitzen ähnlich wie die neueren Odhner-Maschinen ein Kontrollwerk, in dessen Schauöffnungen die im Einstellwerk eingestellten Zahlen in einer geraden Linie abzulesen sind. Ein derartiges Kontrollwerk ist in Abb. 32 bereits durch die unter den Einstellschlitzen liegenden Schauöffnungen angedeutet und auch in Abb. 33 zu erkennen.

Die meisten Thomas-Maschinen besitzen wie die älteren Odhner-Maschinen ein Umdrehungszählwerk ohne Zehnerschaltung mit weißen Multiplikations- und roten Divisionsziffern. Wie auf S. 72 u. ff. erörtert, wird der Multiplikator von einem solchen Zählwerk bei der abgekürzten Multiplikation nicht ganz richtig angezeigt. Die Rechenmaschine Archimedes von Reinhold Pöthig in Glashütte (Vertrieb durch Hans Sabielny in Dresden) besitzt den Vorzug eines mit Zehnerübertragung ausgestatteten Umdrehungszählwerkes. Die Vorteile eines solchen sind bei der Besprechung der Odhner-Maschinen auf S. 73 bereits eingehend gewürdigt worden. Die Archimedes wird mit Schieber- oder Tasteneinstellung geliefert. Das Modell D mit Tasteneinstellung ist in Abb. 33 dargestellt. Beim Drücken einer Taste wird das der betreffenden Wertstelle zugeordnete Stellrädchen (d in Abb. 31) auf seiner Vierkantachse dem Tastenwert entsprechend eingestellt, im übrigen ist der Arbeitsgang der gleiche, wie bei den Maschinen mit Stellschiebern.

Die Archimedes weist auch sonst Verbesserungen auf. Die Schaulöcher sind verhältnismäßig nahe aneinandergerückt, so daß die Ablesung erleichtert ist. Die Schaulöcher des Kontrollwerkes und die Tasten der zugehörigen Dezimalstelle liegen in einer geraden Linie unterhalb des zugehörigen Schauloches des Resultatwerkes (des Zählwerklineals), während bei anderen Konstruktionen die Schaulöcher seitlich etwas versetzt sind. Dadurch werden Fehler bei der seitlichen Einstellung des Zählwerklineals gegen das Einstellwerk, die sonst gelegentlich vorkommen können, vermieden.

Von besonderem praktischen Werte ist, wie bereits auf S. 73 ausgeführt wurde, für manche Rechnungen eine Maschine mit zwei Zählwerken, von denen das eine die einzelnen Produkte, das andere die Summe der Produkte angibt. Die Bestrebungen, ein derartiges Doppelzählwerk zu konstruieren, haben sich auch bei den Thomas-Maschinen geltend gemacht. Von den Maschinen mit Doppellineal dürfte diejenige der Firma Spitz & Co. in Berlin am meisten bekannt und verbreitet sein.

Der Motorantrieb ist auch bei den Thomas-Maschinen sehr beliebt. Seine Vorzüge liegen auf der Hand. Das bei langwierigen Rechnungen ermüdende Kurbeldrehen fällt weg. Die Bedienung der Maschine ist erheblich bequemer, die Maschine arbeitet auch schneller. Eine solche Maschine mit Motorantrieb baut die Firma Mathias Bäuerle in St. Georgen i. Schwarzwald. Ein einfacher Druck auf den Motoreinrückknopf bewirkt, daß sich die Antriebwelle einmal herumdreht, wie dies bei der Addition erforderlich ist. Für die Multiplikation mit dem Multiplikator 4 hält man den Knopf so lange niedergedrückt, bis sich die Antriebwelle viermal herumgedreht hat und im Umdrehungszählwerk die Zahl 4 erscheint. Um die Multiplikation noch mehr zu erleichtern, ist ein besonderes Einstellwerk für den Multiplikator vorgesehen. Hat man beispielsweise mit 4 zu multiplizieren, so stellt man einfach eine unterhalb der Einstellschlitze für den Multiplikanden liegende Stellkurbel auf die Zahl 4. Wenn man dann die Motoreinrücktaste drückt, so dreht sich die Antriebwelle genau viermal herum.

Rechenmaschine „Record". Eine bemerkenswerte Neuerung stellt die Rechenmaschine „Record" der Carl Lindström A. G. Berlin dar. Abb. 34 zeigt das äußere Bild der Maschine, Abb. 35 einen schematischen Querschnitt. Bei dieser Maschine sind die Staffelwalzen abweichend von der gewöhnlichen liegenden Stellung stehend angeordnet; außerdem sind sie gegeneinander versetzt, d. h. sie liegen nicht in einer geraden Linie in derselben Höhe nebeneinander, sondern die eine Walze liegt zickzackförmig über der Lücke zwischen den beiden andern. Ferner besitzt die Maschine Zahlenrollen statt

Abb. 34. Rechenmaschine „Record" der Carl Lindström A.-G. in Berlin.

der sonst üblichen Zahlenscheiben. Dadurch ist es gelungen, den gegenseitigen Abstand der Zahlenrollen wesentlich herabzusetzen, so daß die Übersicht über die Schauöffnungen und die Ablesung sehr erleichtert ist.

Wir sehen im hinteren Teil der Maschine die gegeneinander versetzten, aufrechtstehenden Staffelwalzen, davor die Vierkantwellen V und die Stellrädchen St. Von den Vierkantwellen werden durch Vermittlung der üblichen Kegelradwendegetriebe $k k_1$ die Zahlenrollen R angetrieben. Das Zählwerklineal ist schräg gestellt und wendet seine obere Fläche dem Rechner zu, um die Ablesung noch mehr zu erleichtern. Die Einstellung der Stellrädchen St erfolgt durch die Tasten T. Drückt man z. B. die Taste 4 nieder, so trifft diese auf den Tastenhebel H und verdreht ihn. Der Tastenhebel greift mit einer Gabel in eine Ringnute des Stellrädchens und verschiebt es so weit auf seiner Vierkantwelle, daß es bei der Drehung der Staffelwalze von vier Zähnen erfaßt wird. Zugleich wird durch die Zahnstange Z ein Kontrollrädchen so eingestellt, daß die Zahl 4 in der Schauöffnung abzulesen ist.

Die Antriebkurbel ragt, wie Abb. 34 zeigt, schräg aus der rechten Ecke der Maschine nach vorn heraus, um die Lage der Kurbel der natürlichen Handhaltung des Rechners anzupassen. Sie dreht

sich der bequeme-
ren Handhabung
wegen in einer senk-
rechten Ebene, im
Gegensatz zu den
üblichen Thomas-
Maschinen, bei
denen sie sich in
einer wagerechten
Ebene dreht, was
von vielen Rechnern
als unbequem emp-
funden wurde.

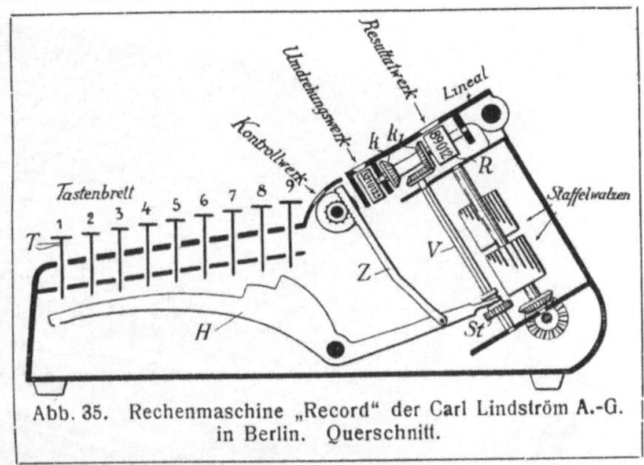

Abb. 35. Rechenmaschine „Record" der Carl Lindström A.-G.
in Berlin. Querschnitt.

9. DIE MERCEDES-EUKLID-MASCHINEN

Die Rechenmaschine der Mercedes Bureaumaschinen-Werke in Meh-
lis i. Thür. verdankt ihre Entstehung dem Bestreben, eine Maschine
mit rein zwangläufiger Antriebbewegung zu schaffen. Bei den Odhner-
und Thomas-Maschinen findet ja am Ende der Antriebbewegung eine
Trennung von Antrieborgan und Zählwerkteilen statt, während die
letzteren sich in voller Bewegung befinden. Diese haben infolgedessen
das Bestreben, sich infolge ihrer lebendigen Kraft unzulässigerweise
weiterzubewegen (überzuschleudern) und müssen durch besondere
Sperrungen, wie z. B. Ankergesperre, Maltesergesperre usw., gebremst
und in der richtigen Stellung festgehalten werden. Der Mercedes-
Euklid-Maschine liegt ein vollständig abweichendes, von Hamann er-
fundenes Antriebsprinzip zugrunde, welches die erwähnten Sperrungen
überflüssig macht und einen besonders ruhigen, geräuschlosen Gang
der Maschine gewährleistet.

Die neuesten Modelle der Mercedes-Gesellschaft bringen weitere,
sehr bemerkenswerte Verbesserungen. Sie bedeuten einen Markstein
auf dem Wege zur idealen Rechenmaschine, insofern darunter eine
Maschine zu verstehen ist, die den Rechner ganz von der Handbedienung
der Maschine entlastet und ihm ohne weiteres Zutun sogleich das
fertige Resultat liefert. Man stellt bei dieser Maschine einfach die Faktoren der Rechnung ein, gleichgültig, ob diese einstellig oder mehr-
stellig sind. Alsdann stellt man die Rechnungsart ein. Die mit Motorantrieb versehene Maschine führt die Ausrechnung selbsttätig aus,
bewirkt also auch die Schlittenverschiebung bei der Multiplikation und
Division selbsttätig, ohne daß es der Aufmerksamkeit des Rechners

Abb. 36. Rechenmaschine Mercedes-Euklid der Mercedes-Büromaschinen-Ges. Modell 7.

bedarf. Die Maschinen werden auch mit Tasteneinstellung geliefert. Infolgedessen können auch Addition und Subtraktion ebenso schnell und bequem wie bei der Addiermaschine ausgeführt werden.

Das Antriebwerk ist in Abb. 37 schematisch im Grundriß dargestellt. Abb. 36 zeigt das Äußere einer Maschine, und zwar einer Maschine mit Stellknopfeinstellung, welche die oben angegebenen Verbesserungen aufweist und ein besonderes Einstellwerk für den Multiplikator besitzt. Die Maschine ähnelt in ihrem Äußeren der Thomas-Maschine; jedoch sind die Schaulöcher näher aneinander gerückt, so daß die Breitendimensionen verhältnismäßig gering sind und die Ablesung erleichtert ist. Vor dem Einstellwerk für den Multiplikanden mit den Schauöffnungen des Kontrollwerkes liegt der verschiebbare Zählwerkschlitten mit den beiden Reihen der Schauöffnungen für das Resultat- und das Umdrehungszählwerk. Vorn links am Zählwerkschlitten springt das Einstellwerk für den Multiplikator vor. Der Multiplikator wird durch Drehung der vorn herausragenden Einstellknöpfe eingestellt und erscheint in den darüber liegenden Schauöffnungen.

Wir sehen in Abb. 37, wie bei den Thomas-Maschinen, eine Reihe nebeneinander liegender Vierkantwellen V, auf welchen die Stellrädchen St achsial verschoben werden können. Die Verschiebung er-

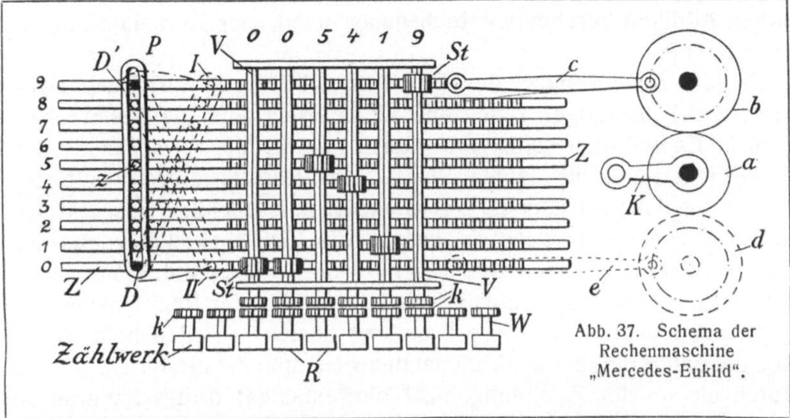

Abb. 37. Schema der
Rechenmaschine
„Mercedes-Euklid".

folgt wie dort durch Stellknöpfe, welche in Einstellschlitzen entlang
den Ziffern einer Einstellskala verschiebbar sind (Abb. 36). An die
Stelle der Stufenwalzen der Thomas-Maschinen treten aber die zehn
Antriebzahnstangen Z, welche quer durch die Maschine unter den
Stellrädchen und Vierkantachsen hindurchlaufen. Die Antriebzahnstangen tragen an ihrem linken Ende je einen Zapfen z und über
diese Zapfen greift ein geschlitzter, um den Drehpunkt D schwingen-
der Hebel P, der im folgenden als Proportionalhebel bezeichnet ist.

Schwingt der Proportionalhebel um seinen Drehpunkt D aus der
voll ausgezeichneten Anfangslage in die gestrichelt gezeichnete Lage I,
so nimmt er außer der vordersten Zahnstange O, auf welcher der
Drehpunkt liegt, sämtliche anderen neun Zahnstangen mit und erteilt
ihnen Bewegungen, welche den Entfernungen der Zahnstangen vom
Drehpunkt, also den Werten von 1—9, proportional sind. Diese Bewegungen werden nun auf die Stellrädchen St übertragen, wenn sie
mit den Zahnstangen in Eingriff gebracht werden. In der Zeichnung
sind die beiden ersten Stellrädchen von links in Eingriff mit der Zahnstange O. Sie bleiben also in Ruhe. Das dritte Stellrädchen, dessen
nach oben herausragender Stellknopf auf die Ziffer 5 der Einstellskala eingestellt ist, ist mit der Zahnstange 5 in Eingriff; es bewegt
sich also um fünf Einheiten weiter. Die nächsten Stellrädchen drehen
sich entsprechend ihrer Einstellung um 4, 9 und 1 Einheiten weiter.
Bei einer einmaligen Kurbeldrehung und der dabei eintretenden einmaligen Hin- und Herschwingung des Proportionalhebels wird also
die Zahl 5491 im Zählwerk hinzuaddiert. Bei einer Multiplikation
5491 × 4 sind, wie bei den übrigen, auf dem Prinzip der wieder-

holten Addition beruhenden Rechenmaschinen, vier Kurbeldrehungen erforderlich.

Bei der Rückdrehung des Proportionalhebels P und Rückbewegung der Zahnstangen Z drehen sich natürlich auch die Stellrädchen zurück. Es soll aber selbstverständlich nur die Vorwärtsdrehung der Stellrädchen auf die Zahlenrollen R des Resultatzählwerkes übertragen werden. Um das zu erreichen, ist eine ein- und ausrückbare Zahnradkupplung vorgesehen, welche die Vierkantwellen V und die kurzen Wellen W der Zahlenrollen R nur während der Vorwärtsschwingung des Proportionalhebels kuppelt, bei der Rückschwingung aber ausgerückt wird. Diese Kupplung besteht aus den beiden, auf den gegenüberliegenden Wellenenden sitzenden Zahnrädern k, welche durch ein (in der Zeichnung nicht dargestelltes) drittes Zahnrad so verbunden werden können, daß sie sich gemeinsam drehen.

Es erübrigt noch, zu erklären, wie der Proportionalhebel seine Schwingung erhält. Wir sehen rechts die Antriebkurbel K, welche bei ihrer Drehung durch Vermittlung der Zahnräder a und b und der Kurbelstange c die Zahnstange 9 hin- und herbewegt. Da diese letztere mit ihrem Zapfen z in den Schlitz des Proportionalhebels eingreift, bringt sie auch diesen zur Hin- und Herschwingung. Wenn sich der Proportionalhebel seiner punktiert gezeichneten Totlage nähert, so verlangsamt sich infolge der Eigenart des Kurbelgetriebes seine Bewegung. Sie kommt, wenn der Hebel die Totlage einnimmt, einen Moment ganz zur Ruhe. Also kommen auch alle Zahnstangen, Stellrädchen und Zahlenrollen einen Augenblick ganz zur Ruhe. In diesem Augenblick wird die Kupplung k ausgerückt. Wir sehen also, daß die Trennung von Antrieborgan und Zählwerk in einem Augenblick erfolgt, wo sämtliche Zählwerkteile still stehen. Somit ist dem Überschleudern der Zählräder wirksam vorgebeugt.

Zur Ausführung subtraktiver Rechnungen wird ähnlich wie bei den Thomas-Maschinen der an der linken Seite der Maschine aus dem Gehäuse hervorragende kleine Stellgriff auf Subtraktion und Division gestellt. Dadurch wird die Verbindung der Zahnräder a und b gelöst und die Verbindung zwischen a und dem punktiert gezeichneten Zahnrade d hergestellt. Wenn ich nun die Handkurbel K einmal herumdrehe, wird durch Vermittlung der Kurbelstange e die Zahnstange 0 einmal hin- und herbewegt, während die Zahnstange 9 still steht. Der Proportionalhebel schwingt dann um den oberen Drehpunkt D' in die Totlage II. Die Zahnstange 9 steht hierbei still, die Zahnstange 8 bewegt sich, wie aus der Zeichnung ersichtlich, um eine

Wegeinheit, die Zahnstange 7 um zwei Wegeinheiten usw. Es wird also eine Anzahl von Wegeinheiten auf die Stellrädchen übertragen, die das Komplement zu 9 der bei der Addition übertragenen Wegeinheiten darstellt; die Subtraktion wird also in ähnlicher Weise, wie bei den im fünften Kapitel besprochenen Addiermaschinen, durch Addition der Komplementzahlen ausgeführt.

Die Stellung der zickzackförmig stehenden Einstellknöpfe wird durch ein besonderes Kontrollwerk, dessen Schaulöcher vor den Einstellschlitzen sichtbar sind, in einer geraden Linie angezeigt, in ähnlicher Weise, wie dies auch bei den neueren Odhner- und Thomas-Maschinen geschieht. Das Umdrehungszählwerk besitzt eine durchgehende Zehnerschaltung, eine Einrichtung, welche, wie auf S. 72 u. ff. schon erörtert wurde, für die abgekürzte Multiplikation von Wert ist.

Die Mercedes-Gesellschaft baut eine Reihe von Modellen. Die älteren Modelle arbeiten bei der Multiplikation noch ähnlich wie die Odhner- und Thomas-Maschinen, bei denen die Zahlenscheiben des Umdrehungszählwerkes bekanntlich nacheinander für jede Kurbeldrehung um je eine Einheit vorwärts geschaltet werden und nach der erforderlichen Anzahl von Kurbeldrehungen der Schlitten auf die nächste Wertstelle verschoben werden muß. Sie besitzen aber für die Division besondere Einrichtungen. Bei den Odhner- und Thomas-Maschinen muß man bekanntlich bei der Division auf das Glockenzeichen achten. Ertönt das Glockensignal, so ist das ein Zeichen dafür, daß man den Divisor einmal zu oft subtrahiert hat. Man muß dann den zuviel subtrahierten Betrag wieder hinzuaddieren und dann den Schlitten von Hand um eine Stelle weiterschieben. Bei den Mercedes-Maschinen braucht man nicht auf das Glockenzeichen zu achten und den Schlitten von Hand zu verschieben, sondern man rechnet ganz mechanisch. Man dreht einfach die Kurbel so lange, bis sie durch bei der Division in Wirksamkeit tretende Mechanismen im Innern der Maschine gehemmt wird, bis sie also nicht weiter gedreht werden kann. Dann stellt man die Umschaltknöpfe um, wobei sich der Schlitten von selbst um eine Stelle weiterschiebt. Alsdann dreht man wieder die Kurbel, bis abermals eine Hemmung auftritt usw.

Die Stellenverschiebung des Lineals oder Schlittens bei der Multiplikation erfolgt einfach durch leichten Druck auf eine besondere Taste. Die Modelle 5 und 6 sind mit einem doppelten Zählwerk versehen, dessen Wert für gewisse Rechnungen bereits auf S. 74 besprochen wurde.

Die nächsten Modelle 7 und 8 arbeiten, wie schon oben ausgeführt wurde, auch bei der Multiplikation und Division vollkommen selbsttätig. Für die Multiplikation besitzt der verschiebbare Zählwerkschlitten außer dem üblichen Resultat- und Umdrehungszählwerk ein besonderes Einstellwerk für den mehrstelligen Multiplikator. Dieses in Abb. 36 vorn links sichtbare Multiplikatoreinstellwerk besteht, ähnlich wie die üblichen Rollenzählwerke, aus je einer Zahlenrolle für jede Stelle des Multiplikators. Der beliebig vielstellige Multiplikator — beispielsweise 743 — wird sofort ganz eingestellt, indem man die Zahlenrollen mittels mit ihnen verbundener, nach außen hervorragender Wirtel so verdreht, daß die richtigen Zahlen in den Schauöffnungen erscheinen. Dann wird der Zählwerkschlitten mitsamt dem Multiplikatoreinstellwerk nach rechts verschoben. Dadurch kommt die Zahlenrolle dieses Einstellwerkes, welche auf die Zahl 7 eingestellt ist, gegenüber einem feststehenden Klinkenschaltwerk zu stehen. Nun beginnt der Motor zu arbeiten und das Klinkenschaltwerk schaltet bei jedem Arbeitsgang die ihm gegenüberliegende Zahlenrolle um eine Einheit rückwärts. Sobald die Zahlenrolle auf 0 springt, also nach 7 Arbeitsgängen, bewirkt ein bei der Zahl 0 angebrachter Anschlagkörper der Zahlenrolle die Abstellung des Motorantriebes und gibt den Zählwerkschlitten frei, der sodann unter Federwirkung nach links um eine Wertstelle weiter springt. Dadurch kommt die nächste, auf 4 eingestellte Zahlenrolle des Multiplikatoreinstellwerkes gegenüber dem feststehenden Klinkenschaltwerk zu stehen usw. Die Maschine tastet also gewissermaßen nacheinander die einzelnen Zahlenrollen des Multiplikatoreinstellwerkes ab und führt in jeder Wertstelle so viele Arbeitsgänge aus, wie jede Zahlenrolle angibt.

Für die Division sind besondere Einrichtungen getroffen, deren Darstellung hier zu weit führen würde. Ausführliche Angaben hierüber finden sich in den deutschen Patentschriften 233003 und 287770.

10. DIE NACH DEM MULTIPLIKATIONSPRINZIP ARBEITENDEN RECHENMASCHINEN

Die im siebenten, achten und neunten Kapitel beschriebenen Rechenmaschinen beruhen auf dem Additionsprinzip, d. h. die Multiplikation wird bei ihnen durch wiederholte Addition ausgeführt. Soll z. B. die Multiplikation 516×8 ausgeführt werden, so sind acht Kurbeldrehungen auszuführen. Eine gewisse Vereinfachung und Verminderung der Anzahl der Kurbeldrehungen bietet ja bereits die auf S. 72 u. ff. beschriebene abgekürzte Multiplikation. Die Rechenmaschinenkonstrukteure haben sich aber von jeher bemüht, das Rechenverfahren

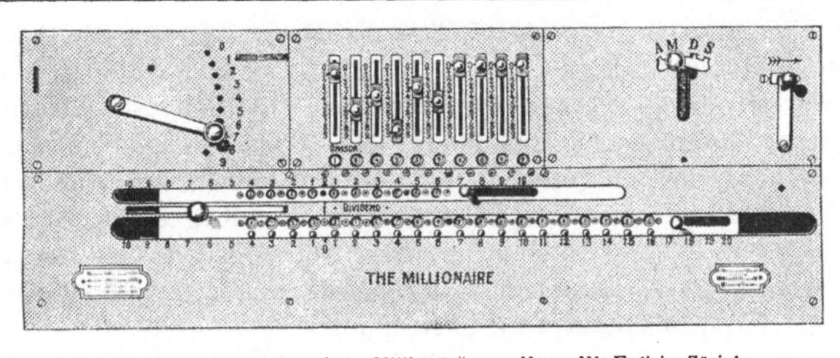

Abb. 38. Rechenmaschine „Millionär" von Hans W. Egli in Zürich.

noch weiter abzukürzen und eine Maschine zu bauen, bei welcher die angegebene Multiplikation mit einer einzigen Antriebbewegung, also mit einer einzigen Kurbeldrehung ausgeführt wird.

Schon Leibniz suchte nach einem einfachen „principium multiplicationis", welches die unmittelbare Bildung des Produktes in der Maschine ermöglichte. Nach ihm sind zahlreiche Versuche zur Lösung der Aufgabe gemacht worden. Erwähnenswert ist die Maschine von Professor Selling, der als Mechanismus zur Bildung des Produktes die Nürnberger Schere benutzt hat.

Rechenmaschine „Millionär". Praktische Bedeutung und größere Verbreitung hat bisher von allen diesen Maschinen außer der im elften Kapitel zu besprechenden Schreibrechenmaschine von Moon-Hopkins nur die von Steiger erfundene Rechenmaschine „Millionär" gewonnen, welche von Hans W. Egli in Zürich gebaut wird.[1]) Die Maschine ist in Abb. 38 in Ansicht dargestellt. Abb. 39 zeigt in schematischer Weise das Zusammenarbeiten der inneren Teile. Bei dieser Maschine ist für jede Stelle des Multiplikators nur eine einzige Kurbeldrehung erforderlich, die Maschine eignet sich also besonders gut für die Multiplikation. Dafür ist allerdings eine besondere Multiplikatorstellkurbel hinzugekommen, die auf die Multiplikatorzahl eingestellt werden muß; auch sind die Maschinen größer und teurer als die nach dem Additionsprinzip arbeitenden Rechenmaschinen von gleicher Stellenwertigkeit. Für die Division sind die Maschinen weniger vorteilhaft zu verwenden.

Die Maschine beruht auf dem Prinzip der körperlichen Darstellung der Produkte des kleinen Einmaleins. Jede Multiplikation kann ja auf das kleine Einmaleins zurückgeführt werden. So erhält man z. B. bei

---

1) Während des Druckes geht mir von der Firma Wilhelm Morell A.-G. in Leipzig die Nachricht zu, daß ihre Rechenmaschine „Kuhrt", welche ebenfalls mit Einmaleinskörpern arbeitet, jetzt in den Handel gebracht wird.

dem oben angenommenen Multiplikationsbeispiel 516×8 die Einzel-produkte des Einmaleins $5 \times 8 = 40$; $1 \times 8 = 8$ und $6 \times 8 = 48$. Die Einzelprodukte sind nun in der Maschine durch abgestufte Körper, bei denen die Höhe der Abstufungen den Ziffern des Einmaleins ent-spricht, körperlich dargestellt. Durch die Einstellung der beiden Fak-toren werden die richtigen Abstufungen bereit gestellt. Bei der Drehung der Antriebkurbel treten dann Antrieborgane in Wirksam-keit, welche die Abstufungen abtasten, die Einmaleinsprodukte ab-greifen und auf das Zählwerk übertragen.

Der charakteristische Bestandteil der Maschine ist der Einmaleins-körper. Er besteht aus neun übereinanderliegenden, fest untereinander verbundenen Platten für die Zahlen $1—9$. In Abb. 39 ist nur die Platte für die Zahl 8 veranschaulicht. Die Einzelprodukte $8 \times 1 = 8$; $8 \times 2 = 16$; $8 \times 3 = 24$ usw. sind durch Zungen körperlich dargestellt, und zwar sind für jedes Teilprodukt zwei Zungen vorhanden, je eine für die Zehner und je eine für die Einer. Das Teilprodukt $8 \times 2 = 16$ ist demnach durch eine Zehnerzunge von der Länge 1 (in Abb. schraf-fiert) und eine Einerzunge von der Länge 6 dargestellt. Für das Teil-produkt $8 \times 1 = 8$ ist natürlich nur eine Einerzunge von der Länge 8 vorhanden.

Der aus den neun Einmaleinsplatten zusammengesetzte Einmaleins-körper kann drei verschiedene Bewegungen ausführen. Zunächst eine senkrechte Bewegung (senkrecht zur Ebene der Zeichnung in Abb. 39). Diese Bewegung wird durch eine drehbare Stellkurbel, die Multipli-

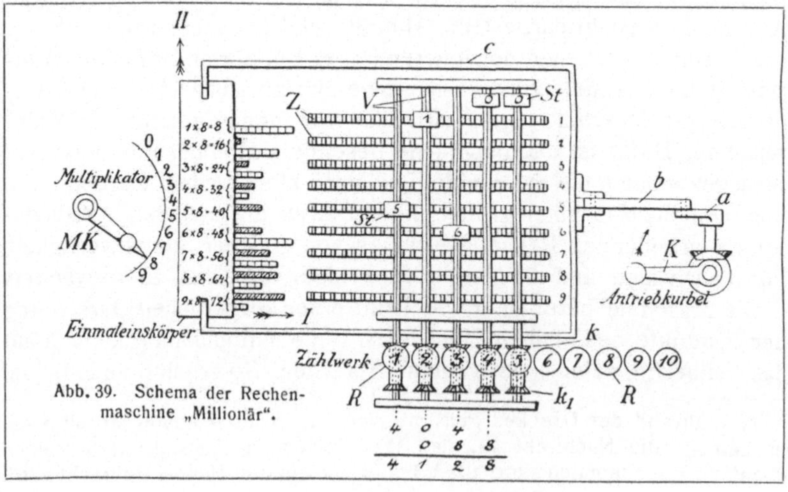

Abb. 39. Schema der Rechen-maschine „Millionär“.

katorstellkurbel *MK* hervorgerufen. Stellt man diese Stellkurbel auf die Multiplikatorzahl 8 ein, so stellt sich der Einmaleinskörper so in der Höhenlage ein, daß die Platte 8, wie gezeichnet, den Zahnstangen *Z* gegenüber zu liegen kommt.

Die zweite Bewegung des Einmaleinskörpers erfolgt im wagerechten Sinne in der Richtung des Pfeiles *I*, wenn die Antriebkurbel *K* gedreht wird. Der gesamte Einmaleinskörper bewegt sich bei einer Kurbeldrehung zweimal hin und her. Die Zungen der den Zahnstangen *Z* gegenüber liegenden Einmaleinsplatte stoßen hierbei gegen die Zahnstangen und verschieben sie um so viele Wegeinheiten nach rechts, wie die Zungen Längeneinheiten aufweisen. Die dritte Bewegung des Einmaleinskörpers erfolgt im wagerechten Sinn in der Richtung des Pfeiles *II*. Die beiden letzten Bewegungen sind so kombiniert, daß zunächst die Zehnerzungen auf die Zahnstangen *Z* einwirken und alsdann nach einer entsprechenden kurzen Querverschiebung des Einmaleinskörpers in der Richtung *II* die Einerzungen.

Die Bewegungen der Zahnstangen *Z* werden nun in ähnlicher Weise wie bei den Mercedes-Maschinen durch achsial verschiebbare Einstellrädchen *St* und Vierkantachsen *V* auf die Zahlenräder *R* des Resultatwerkes übertragen. Auf den Vierkantachsen sitzt ähnlich wie bei den Thomas-Maschinen ein umschaltbares Wendegetriebe kk_1, so daß die Drehung der Vierkantachsen nach Belieben in additivem oder subtraktivem Sinne auf die Zahlenrollen *R* übertragen werden kann.

Der Vorgang bei einer Multiplikation 516 × 84 ist somit kurz zusammengefaßt der folgende: Zunächst wird der Multiplikand 516 wie bei den Thomas-Maschinen durch Verschieben der Einstellknöpfe in ihren Einstellschlitzen eingestellt. Die Einstellknöpfe und -schlitze sind in Abb. 38 oben in der Mitte der Maschinendeckplatte zu erkennen. Unter den Einstellschlitzen befinden sich die Schaulöcher des Kontrollwerkes, welche in bekannter Weise den Multiplikanden 516 in einer geraden Linie anzeigen. Durch die Verschiebung der Einstellknöpfe werden die Stellrädchen *St* auf ihren Vierkantachsen *V* entsprechend verschoben, d. h. das erste Stellrädchen kommt, wie in Abb. 39 dargestellt, über die Zahnstange 5 zu stehen, das zweite über die Zahnstange 1, das dritte über die Zahnstange 6. Alsdann muß die Multiplikatorstellkurbel *MK* (in Abb. 38 links oben) auf die erste Zahl 8 des Multiplikators eingestellt werden. Dadurch wird der Einmaleinskörper so verschoben, daß die Einmaleinszungenplatte 8 den Enden der Zahnstangen *Z* gegenüber zu liegen kommt. Damit ist die Einstellung beendet und es erfolgt nunmehr der Antrieb (die Übertragung

7*

auf das Zählwerk) durch Drehung der Antriebkurbel K (in Abb. 38 rechts oben).

Beim ersten Viertel der Kurbeldrehung wird die Zungenplatte 8 durch das Kurbelgestänge abc in der Pfeilrichtung I nach rechts verschoben. Die Zehnerzungen stoßen dabei auf die Zahnstangen und verschieben sie verschieden weit, je nach der Länge der Zungen. Ein Blick auf Abb. 39 zeigt, daß die Zahnstange 5 um 4 Einheiten, die Zahnstange 1 um 0 Einheiten, die Zahnstange 6 um 4 Einheiten verschoben wird. Diese Einheiten werden durch die mit den Zahnstangen in Eingriff stehenden Stellrädchen St aufgegriffen und durch Vermittlung der Vierkantachsen V auf die Zählwerkrollen R übertragen. Das Zahlenrad 1 (also das erste von links) dreht sich somit um vier Zahlen, Rad 2 um null Zahlen und Rad 3 um vier Zahlen. Damit sind die Zehner der Teilprodukte übertragen.

Im zweiten Viertel der Kurbeldrehung wird die Kupplung zwischen den Kegelrädern k und den Zahlenrollen R gelöst. Alsdann werden die Einmaleinsplatte 8 und die Zahnstangen in die gezeichnete Anfangslage zurückgeführt, ohne Beeinflussung des Zählwerks wegen der gelösten Kupplung. Schließlich wird das Zählwerk selbsttätig um eine Stelle nach links verschoben, so daß also an Stelle der Zahlenräder 1, 2 und 3 jetzt die Zahlenräder 2, 3 und 4 in Verbindung mit den Stellrädchen 5, 1, 6 treten.

Im dritten Viertel der Kurbeldrehung wird zunächst der Einmaleinskörper in der Pfeilrichtung II quer gegen die Zahnstange Z verschoben, und zwar so weit, daß jetzt die Einerzungen statt der Zehnerzungen den Zahnstangen Z gegenüberliegen. Alsdann wird der Einmaleinskörper zum zweiten Male in der Pfeilrichtung I gegen die Zahnstangen verschoben. Es wirken nun also die Einerzungen auf die Zahnstangen ein. Zahnstange 5 wird um null, Zahnstange 1 um acht, Zahnstange 6 um acht Einheiten verschoben. Entsprechend werden die Zahlenrollen 2, 3 und 4 gedreht. Damit sind auch die Einerwerte auf das Zählwerk übertragen und zu den Zehnerwerten addiert.

Zehnerwerte: 404
Einerwerte: 088
―――――――――――
Summe: 4128.

Im Zählwerk ist die Summe 4128 abzulesen.

Beim vierten Viertel der Kurbeldrehung werden alle Teile wieder in die Anfangslage zurückgebracht. Das Produkt 516×8 wird also durch eine einmalige Kurbeldrehung in das Zählwerk gebracht.

Nun stellt man die Multiplikatorstellkurbel MK auf 4 und dreht die Antriebkurbel K abermals einmal herum. Die vorher geschilderten Vorgänge wiederholen sich entsprechend, nur mit dem Unterschiede, daß statt der Zungenplatte 8 jetzt die Zungenplatte 4 auf die Zahnstangen einwirkt. Nach nur zweimaliger Kurbeldrehung ist also im Zählwerk das Resultat $516 \times 84 = 43344$ abzulesen. Im Umdrehungszählwerk, welches in Abb. 38 oberhalb des Resultatzählwerkes sichtbar ist, erscheint der Multiplikator 84 zur Kontrolle. Für die anderen Rechnungsarten muß der in Abb. 38 links von der Antriebkurbel sichtbar werdende Umstellhebel entsprechend eingestellt werden. Bei Addition stellt man diesen Hebel auf „A"; ferner die Multiplikatorkurbel MK auf „1", denn die Addition ist einer Multiplikation mit dem Faktor 1 gleichwertig. Durch einmalige Kurbeldrehung wird dann der in den Einstellschlitzen eingestellte Summand auf das Zählwerk übertragen.

Bei der Subtraktion wird ähnlich verfahren. Der Umstellhebel wird jedoch auf „S" gestellt, wodurch das in Abb. 39 angedeutete Kegelradwendegetriebe kk^1 wie bei der Thomas-Maschine umgestellt wird. Die Zahlenrollen drehen sich also umgekehrt.

Bei der Division ist der Umstellhebel auf „D" zu stellen. Alsdann müssen die einzelnen Stellen des Quotienten geschätzt werden, die Multiplikatorkurbel MK wird auf die geschätzten Zahlen eingestellt. Das Wendegetriebe arbeitet wie bei der Subtraktion, die einzelnen Teilprodukte werden also von dem im Resultatwerk stehenden Dividendus subtrahiert.

Die Maschinen werden auch mit Motorantrieb, Tasteneinstellwerk und doppeltem Zählwerk geliefert.

11. VERGLEICHENDE ÜBERSICHT ÜBER ALLE RECHENMASCHINEN-SYSTEME

Wir erkennen als Endresultat unserer Betrachtungen über die Rechenmaschinen, daß eine sehr große Anzahl verschiedener Maschinensysteme auf den Markt gebracht wird, daß es aber eine für alle vier Rechnungsarten gleich gut geeignete, dabei auch druckende Rechenmaschine noch nicht gibt. Die Entwicklung hat vielmehr den Gang genommen, daß für die verschiedenen Betriebserfordernisse bestimmte Sondertypen geschaffen worden sind. Von dem Standpunkt der allgemeinen Verwendungsfähigkeit aus gesehen, haben alle heute existierenden Systeme gewisse Vorzüge und auch gewisse Mängel, beide allerdings in sehr verschiedenem Maße, was bei der überaus großen Verschiedenheit der Preise ja auch nicht überraschen kann.

Welches System in jedem Falle vorzuziehen ist, kann nicht mit wenigen Worten gesagt werden. Die rechnerischen Arbeiten, die vorzugsweise mit der Maschine ausgeführt werden sollen, sind fast in jedem Betriebe verschieden. Ebenso verschieden sind die Anforderungen hinsichtlich der erforderlichen Schnelligkeit der Arbeit, der Bequemlichkeit der Bedienung, der geringen Größe und Handlichkeit der Maschine, der Geräuschlosigkeit, der Widerstandsfähigkeit gegen Beschädigungen durch ungeschultes Personal und nicht zuletzt hinsichtlich des billigen Preises. Wer eine Maschine kaufen will, wird gut tun, sich von einschlägigen Firmen beraten zu lassen und seine besonderen Betriebsbedingungen und Anforderungen zu besprechen, erforderlichenfalls sich auch an mehrere Firmen zu wenden.

Zunächst muß Klarheit darüber bestehen, ob die Maschine hauptsächlich für die Addition und Subtraktion bestimmt ist oder ob auch Multiplikationen und Divisionen (also z. B. Preis- und Lohnberechnungen, Rabatt-, Zins- und Prozentrechnungen, Inhaltsberechnungen) damit ausgeführt werden sollen. Soll nur oder doch ganz vorwiegend addiert und subtrahiert werden, so kommen selbstverständlich in erster Linie die im fünften und sechsten Kapitel beschriebenen Addiermaschinen in Betracht. Aber auch die in den Kapiteln 7—10 erläuterten Rechenmaschinen, insbesondere die Rechenmaschinen mit Tasteneinstellung, sind für die Addition und Subtraktion geeignet.

Kommt es auf besondere Schnelligkeit und Bequemlichkeit der Arbeit an, so ist die Tasteneinstellung den anderen Einstellungsarten überlegen Die Tastenaddiermaschinen sind aber in der Regel teurer.

Unter den Tastenaddiermaschinen gibt es nun solche mit und ohne Druckwerk, die ersteren in der Regel mit, die letzteren ohne Handhebel- oder Motorantrieb. Der große Wert des Druckwerkes für die nachträgliche Kontrolle der Rechnung, für das gleichzeitige Niederschreiben und Ausrechnen von Konto- und Lohnauszügen, für die Ausfüllung und Ausrechnung von Formularen, Listen und Tabellen aller Art ist im sechsten Kapitel eingehend besprochen worden. Durch das Druckwerk wird die Maschine aber auch größer und teurer. Wenn außerdem noch Motorantrieb oder Sondereinrichtungen für die Buchführung (S. 55) hinzukommen, so kann eine solche Maschine nicht billig sein. Die Tastenaddiermaschinen ohne Druckwerk sind erheblich billiger. Sie arbeiten auch schneller, weil die Bedienung des Handhebels bzw. des Motorantriebes fortfällt. Ihr Hauptmangel ist aber, daß sie keine Kontrolle der Einstellung gestatten, daß also eine fehlerhafte Tasteneinstellung nicht sofort erkannt und verbessert werden kann. Die sonstigen Unterschiede beider Maschinensysteme sind im sechsten Kapitel ausführlich behandelt worden. Trotz des höheren Preises sind übrigens vorwiegend Tastenaddiermaschinen mit Druckwerk im Gebrauch, und zwar bis jetzt hauptsächlich Maschinen mit Volltastatur. Neuerdings beginnen sich auch die druckenden Zehntastenmaschinen einzubürgern, welche die Blindbedienung der Tastatur gestatten.

Zur Addition einstelliger Zahlen, beispielsweise bei der Aufaddierung der senkrechten Spalten von Kontobüchern, sind kleine, ganz billige Zehntastenaddiermaschinen ohne Druckwerk konstruiert worden, die auf S. 41 erwähnt sind. Sie haben aber bis jetzt trotz ihres billigen Preises keine größere Verbreitung gefunden, hauptsächlich wohl deswegen, weil sie keine Kontrolle der Einstellung gestatten und auch wohl bei der Kolonnenaddition nicht schneller arbeiten als ein geübter Kopfrechner. In gewisser Hinsicht dürften ihnen sogar trotz ihrer Tasteneinstellung die ebenfalls sehr einfachen und billigen Addiervorrichtungen und Addiermaschinen mit Stifteinstellung (S. 8 und S. 25) überlegen sein, weil sie gestatten, postenweise zu addieren. Man kann mit ihnen auf losen Zetteln, Rechnungen u. dgl. zerstreute Posten, Einnahmen und Ausgaben usw. addieren und subtrahieren, ohne erst, wie beim Kopfrechnen, diese Posten untereinander aufschreiben zu müssen.

Multiplizieren kann man auch mit den meisten Addiermaschinen; die Ausführung dieser Rechnungsarten ist aber, von Ausnahmen abgesehen (z. B. Calculator, Comptometer), meist ziemlich unbequem und zeitraubend. Die Division ist in der Regel viel zu umständlich, als daß sie für die Praxis in Betracht käme. Für diese Rechnungsarten sind in erster Linie die in den Kapiteln 7—10 beschriebenen Rechenmaschinen (Multipliziermaschinen) da. Diese Maschinen haben ferner den für die Praxis sehr schätzbaren Vorzug, daß sie auch gemischte Rechnungen aller Art, also z. B. Multiplikation abwechselnd mit Addition und Subtraktion, Addition und Subtraktion von Produkten usw., mit Leichtigkeit ausführen. Der Preis der Rechenmaschinen ist im Vergleich zu ihrer Leistungsfähigkeit verhältnismäßig niedrig.

Bei der Addition allerdings arbeiten die Rechenmaschinen (Multipliziermaschinen) mit Hebel- oder Knopfeinstellung nicht so schnell wie die Tastenaddiermaschinen. Um diesem Mangel abzuhelfen, hat man die Rechenmaschinen (Multipliziermaschinen) mit Tasteneinstellung geschaffen, die auch hinsichtlich der Schnelligkeit der Arbeit bei der Addition allen Ansprüchen genügen und in dieser Beziehung den Tastenaddiermaschinen mit Handhebelantrieb gleichkommen. Sie sind diesen insofern überlegen, als sie auch Multiplikation und Division mit derselben Leichtigkeit ausführen wie Addition. Den bisher auf den Markt gebrachten Konstruktionen fehlt aber bis jetzt noch das Druckwerk (nur die jetzt nicht mehr gebaute Tastenrechenmaschine $X \times X$ von Seidel & Naumann besaß ein Druckwerk).

Unter den Rechenmaschinen (Multipliziermaschinen) kommen hauptsächlich in Betracht die Odhner- oder Sprossenradmaschinen, die Thomas- oder Staffelwalzenmaschinen, die Mercedesmaschinen und die Millionärmaschinen.[1]) Diese Maschinen, deren Unterschiede in den Kapiteln 7—10 eingehend gewürdigt sind, dürften im allgemeinen wohl gleich beliebt sein. Allerdings ist die Verbreitung der einzelnen Fabrikate außerordentlich verschieden; hierbei spielen auch der Preis und kleinere, praktische Verbesserungen eine Rolle. Auf dem Gebiete der kleinen Verbesserungen, die sich ja bei dauernder Benutzung sehr bemerkbar machen, wird zur Zeit viel gearbeitet. Fast jedes Jahr kommen mehrere neue Modelle auf den Markt. Aber auch die alten einfachen und billigen Modelle bleiben beliebt und begehrt.

Eine besondere Erwähnung verdienen die auf S. 90 besprochenen neueren Mercedes-Maschinen. Das Streben der Rechenmaschinenerbauer ist ja von jeher darauf gerichtet gewesen, den geistigen Arbeiter von aller mechanischen Handarbeit bei der Bedienung der Maschine möglichst vollkommen zu entlasten. In dieser Hinsicht sind die erwähnten Maschinen am weitesten vorgeschritten. Sie arbeiten fast ganz selbsttätig, gestatten einen mehrstelligen Multiplikator sofort ganz einzustellen und besitzen selbsttätige Schlittenverschiebung.

Die ideale Rechenmaschine. Eine wirklich vollkommene „Universalrechenmaschine" existiert bis heute noch nicht. Eine solche Maschine müßte folgende Vorzüge vereinigen:

1. Sie muß alle vier Rechnungsarten (Addition, Subtraktion, Multiplikation, Division) nach entsprechender Einstellung eines Umstellorganes ohne jede weitere Beihilfe des Rechners vollkommen selbsttätig ausführen, möglichst auch das Dezimalkomma selbst setzen. Das würde natürlich Motorantrieb und selbsttätige Schlittenverschiebung voraussetzen, wenn man nicht ganz ohne Schlittenverschiebung auskommen würde.

2. Die Maschine muß Tasteneinstellung besitzen. Bei der Multipli-

---

1) Vgl. auch die Fußnote auf S. 91.

kation sind die beiden mehrstelligen Faktoren, bei der Division ein mehrstelliger Dividendus und ein mehrstelliger Divisor sofort ganz einzustellen. Die Einstellung einer neuen Aufgabe soll, um möglichst schnell arbeiten zu können, schon möglich sein, während die Maschine noch die vorige Aufgabe ausrechnet.

3. Die Ausrechnung des Resultates darf nicht allzulange Zeit in Anspruch nehmen, die Maschine muß rasch arbeiten.

4. Alle Faktoren und das Resultat der Rechnung sind selbsttätig zu drucken, und zwar in der richtigen gegenseitigen Stellung. Das Druckwerk muß leicht abzunehmen oder auszuschalten sein, damit man Zwischenrechnungen u. dgl. ohne Druck ausführen kann. Das Addierwerk muß ebenfalls ausschaltbar sein, damit man gewisse Zahlen, wie z. B. Nummern von Schecks usw., drucken kann, die nicht addiert werden sollen.

5. Die Maschine soll geräuschlos arbeiten.

6. Die Maschine muß zwei Resultatzählwerke besitzen. Es muß die Möglichkeit bestehen, die einzelnen Resultate beliebig aus dem einen Zählwerk in das andere zu übertragen, um das Resultat jeder Zwischenrechnung einzeln feststellen und die erhaltenen Zwischenresultate beliebig addieren oder subtrahieren zu können.

7. Die Konstruktion der Maschine muß verhältnismäßig einfach sein. Es liegt auf der Hand, daß Störungen im Mechanismus der Maschine um so wahrscheinlicher auftreten werden und daß es um so schwieriger sein wird, die Störungen zu beseitigen, je komplizierter die Maschine ist. Die Maschine muß so einfach sein, daß sie ein gewöhnlicher Rechenmaschinenmechaniker zu reparieren und bei Störungen wieder in Gang zu bringen vermag.

Ob es überhaupt jemals gelingen wird, eine derartige Maschine zu konstruieren und zu einem annehmbaren Preise herzustellen, erscheint zweifelhaft. Die heutigen Maschinen sind von dem erstrebenswerten Ziel mehr oder weniger weit entfernt. Man wird sich in absehbarer Zeit begnügen müssen, wenn nur einige der aufgestellten Aufgaben erfüllt sein werden.

Es kann auch fraglich sein, ob eine „Universal"-Maschine der angegebenen Art überhaupt das erstrebenswerte Ziel ist oder ob es nicht besser ist, mehrere verschiedene, den verschiedenen Betriebserfordernissen möglichst vollkommen angepaßte Einzeltypen zu schaffen. Jedenfalls würden diese billiger und einfacher sein. Die Praxis hat tatsächlich den letzteren Weg eingeschlagen, und es wäre unbillig, die großen Fortschritte, die hierbei gemacht worden sind, zu verkennen.

Welche Forderungen kann man bei dem heutigen Stande der Technik an eine leistungsfähige Rechenmaschine stellen? 1. Die Maschine soll bei der fortlaufenden Zehnerübertragung (999 999 + 1 bzw. 1 000 000 − 1) richtig rechnen und soll hierbei keinen übermäßig hohen Kraftaufwand von seiten des Rechners erfordern (vgl. die eingehenderen Ausführungen auf S. 29 ff.). Die Zehnerübertragung soll gleichmäßig bis zur höchsten Zahlenstelle hindurchlaufen.

2. Die Maschine muß auch bei schneller Antriebsbewegung, d. h. also bei schnellem Tastenanschlage oder schneller Kurbeldrehung, unbedingt richtig rechnen. Das sogenannte Überschleudern (vgl. S. 40) darf nicht eintreten, insbesondere auch bei der fortlaufenden Zehnerschaltung nicht. Die älteren Maschinen rechneten bei besonders schneller Bedienung vielfach fehlerhaft. Bei den besseren modernen Fabrikaten begegnet man diesem Mangel kaum noch. Bei manchen Maschinen (z. B. bei den Addiermaschinen mit Handhebel- oder Motorantrieb) wird die allzuheftige Bewegung der Antrieborgane durch Flüssigkeitsbremsen, Feder- oder Luftpuffer od. dgl. verhindert und kann infolgedessen überhaupt gar nicht erst auftreten; bei anderen Maschinen (Sprossenrad- und Thomasmaschinen) fangen sogenannte Hemmungen oder Sperrungen das schleudernde Zahlenrad ab und halten es fest. Wieder bei anderen, besonders zweckmäßigen Konstruktionen bleiben alle Antriebsteile und Zahlenräder auch bei der schnellsten Bewegung zwangläufig so miteinander in Verbindung, daß sich ein einzelnes Organ nicht von den übrigen trennen und infolge seiner lebendigen Kraft überschleudern kann.

3. Fehler infolge unvorschriftsmäßiger Handhabung der Maschine sollen nach Möglichkeit ausgeschlossen sein. Solche Fehler können z. B. auftreten, wenn man die Zifferntasten oder sonstigen Tasten (Summendrucktaste, Fehlertaste, Subtraktionstaste, Multiplikationstaste usw.) nicht ordnungsmäßig vollständig herunterdrückt (vgl. S. 40); wenn man den Antriebhebel nicht ganz bis an das Ende seines Hubes umlegt, die Antriebkurbel nicht vollständig herumdreht oder sie nach einer versehentlichen, nur teilweise ausgeführten Rechtsdrehung wieder nach links zurückdreht; wenn man die Einstellknöpfe oder Einstellhebel nicht richtig auf die in Betracht kommen den Zahlen oder Marken einstellt, sondern sie auf halbem Wege zwischen zwei Einstellzahlen stehen läßt; wenn man den Zählwerkschlitten zwischen zwei Dezimalstellen auf halbem Wege stehen läßt; wenn man die Nullstellkurbel oder den Nullstellhebel nicht ganz herumdreht; wenn

man zwei Organe, wie z. B. die Subtraktionstaste und den Antriebhebel bei Addiermaschinen, gleichzeitig bewegt, die nur nacheinander
bewegt werden dürfen; wenn man versehentlich in einer und derselben
Dezimalstelle zwei Zahlentasten statt einer einzigen niederdrückt;
wenn man, nachdem man mit der Drehung des Antriebhebels schon
begonnen hat, noch nachträglich eine Zahlentaste oder eine andere
Taste, wie z. B. die Multiplikationstaste, die Summendrucktaste, niederdrückt, statt diese ordnungsgemäß vor der Drehung des Antriebhebels herabzudrücken.

Um eine derartige unvorschriftsmäßige, aber bei eiligem Rechnen
doch nicht immer ganz vermeidbare Behandlung der Maschine zu
verhindern, müssen Sicherheitsvorrichtungen vorgesehen sein. Diese
außerordentlich vielseitig und verschieden ausgebildeten Konstruktionsteile bezeichnet man als Sperrungen. Sie verteuern natürlich die
Maschine zum Teil recht erheblich. Bei billigeren Ausführungen muß
man von ihrer Anbringung Abstand nehmen.

4. Bei Maschinen mit Druckwerk soll auch das Resultat selbsttätig gedruckt werden, da beim Ablesen des Resultats und seinem
Abdruck durch den Rechner erfahrungsgemäß häufig Fehler vorkommen.

III. DIE SCHREIBRECHENMASCHINEN

Die Schreibrechenmaschinen, die in der Praxis auch häufig als
Schreibmaschinen mit Rechenwerk oder als rechnende Schreibmaschinen bezeichnet werden, stellen eine Kombination von Schreibmaschine und Rechenmaschine dar. Man kann diese Maschinen in
dreierlei verschiedener Weise benutzen, nämlich:

1. als Schreibmaschine allein zum Schreiben von gewöhnlicher
Buchstaben- oder Ziffernschrift;

2. als Rechenmaschine allein zur Ausführung von Rechenoperationen,
wobei die einzelnen Posten der Rechnung und das Resultat wie bei
den im sechsten Kapitel behandelten schreibenden Rechenmaschinen
zur Kontrolle geschrieben werden, und

3. als Kombination von Schreib- und Rechenmaschine zum beliebigen
abwechselnden Schreiben und Rechnen, beispielsweise zur Ausführung
von Kontoauszügen, Warenrechnungen, Listen aller Art.

Namentlich wegen der zuletzt erwähnten Verwendungsmöglichkeit
haben die Schreibrechenmaschinen in den letzten Jahren in kaufmännischen Betrieben in steigendem Maße Eingang gefunden. Um

eine Vorstellung davon zu geben, wie die Maschine arbeitet, sei im folgenden eine von der Maschine geschriebene und gerechnete Bilanz wiedergegeben.

	Debet	Credit
Meyer u. Co.	234.45	
Schmidt, Berlin		67.76
Schulze u. Sohn	345.54	
Max Müller	67.65	
Krause, Magdeburg		126.34
Lehmann	345.54	
Deutsche Bank		23.45
		214.55
Saldo		778.63
	993.18	993.18

Die Maschine schreibt die Buchstabenschrift, addiert aber auch die Kredit- und Debetposten und gibt den Saldo und die Summe an.

Man kann drei verschiedene Gruppen der Schreibrechenmaschinen unterscheiden. Bei der ersten Gruppe bildet die Schreibmaschine den Hauptteil. Außer der gewöhnlichen Schreibmaschinentastatur ist aber eine besondere Reihe von neun Rechentasten vorgesehen, die auf ein oder mehrere, am Papierwagen befestigte kleine Zählwerke einwirken. Diese Maschinen wurden früher nur von amerikanischen Firmen geliefert. Sie werden jetzt aber auch von der bekannten Clemens Müller A.-G. in Dresden in bester Ausführung gebaut. Abb. 40 zeigt die Schreibrechenmaschine „Urania-Vega" dieser Firma.

Bei der zweiten Gruppe, den amerikanischen Ellis-Maschinen, sind eine Schreibmaschine und eine vollständige Addiermaschine mit Volltastatur und Motorantrieb als gleichwertige Bestandteile nebeneinander gesetzt und drucken auf das gleiche Papier, die Schreibmaschine links, die Addiermaschine rechts.

Bei der dritten Gruppe, den neuerdings in den Verkehr gekommenen, nach ihrem Erfinder als Moon-Hopkins-Maschinen bezeichneten Maschinen der Burroughs-Gesellschaft (Glogowski & Co. in Berlin) tritt die Rechenmaschine ganz in den Vordergrund. Diese multipliziert nach dem Prinzip der im 10. Kapitel beschriebenen Maschinen mit Einmaleinskörpern, die Schreibmaschine bildet gewissermaßen nur das Beiwerk.

Die Maschinen der ersten Gruppe könnte man besser als Rechenschreibmaschinen bezeichnen, weil sie eigentlich nichts als eine Schreibmaschine mit einem einfachen eingebauten Rechenwerk sind. Um die Arbeitsweise dieser Maschinen klarzustellen, soll als Ausführungs-

Abb. 40. Schreibrechenmaschine „Urania-Vega" der Clemens Müller A.-G.

beispiel die „Ratiotyp" der Smith-Premier-Schreibmaschinengesellschaft betrachtet werden. Abb. 41 gibt einen schematisch gehaltenen Querschnitt durch die Maschine. In diesem Querschnitt sind die unverändert gebliebenen, bekannten Teile der Schreibmaschine durch gestrichelte Linien dargestellt; die hinzugekommenen Teile der Addiervorrichtung sind in stark ausgezogenen Linien ausgeführt.

Wir sehen, daß sich das bekannte Bild der Schreibmaschine nur wenig verändert hat. Zu der üblichen Tastatur, welche auch die lediglich für das Schreiben der Ziffern von 0 bis 9 bestimmten Schreibtasten umfaßt, ist zunächst ein Satz von Rechentasten für die Zahlen von 0 bis 9 hinzugekommen. Diese in Abb. 41 mit RT bezeichneten Tasten liegen in einer Reihe unterhalb der Schreibtasten ST und der mit $Spat$ bezeichneten Spatientaste, aber vor den mit Tab bezeich-

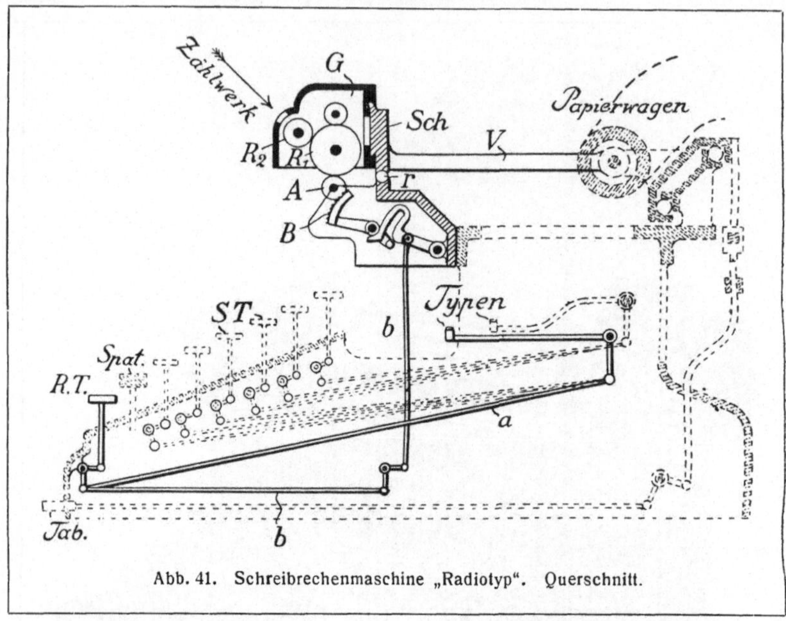

Abb. 41. Schreibrechenmaschine „Radiotyp". Querschnitt.

neten Tabulatortasten. Wenn eine Rechentaste niedergedrückt wird, so wird ihre Bewegung in üblicher Weise durch die Gelenkstange a auf das Typenschreibwerk übertragen. In der Reihe der übrigen Typenhebel sind besondere Hebel für die Rechentasten gelagert. Drückt man auf die Rechentaste 5, so schwingt der zugehörige Hebel mit der Type 5 nach oben und schlägt gegen die Papierwalze.

Zweitens wird die Bewegung der Rechentaste aber durch die Gelenkstangen b auf die Rechenvorrichtung übertragen. Diese besteht, wie üblich, aus Zählwerk und Antriebvorrichtung. Statt eines einzigen Zählwerks sind meistens aber aus später zu besprechenden Gründen deren zwei oder mehr vorgesehen. Die Zählwerke sind in kleinen kastenförmigen Gehäusen G eingekapselt, welche an einer quer über der Tastatur entlanglaufenden Schiene Sch befestigt sind. In Abb. 40 sind zwei derartige kleine Zählwerkgehäuse mit den entsprechenden Schauöffnungen zu erkennen. Die Schiene Sch ist mit dem Papierwagen der Schreibmaschine durch Verbindungsstangen V verbunden. Die Schiene und die Zählwerke machen also alle Bewegungen des Papierwagens mit. Zur Verminderung der Reibung ist die Schiene ebenso wie der Papierwagen auf Kugeln r gelagert.

Das Antriebwerk besteht im wesentlichen aus einem schwingenden

Zahnbogen *B*, der durch ein hier nicht näher zu beschreibendes Hebelwerk und die verbindenden Gelenkstangen *b* von den Rechentasten aus in Drehung versetzt wird. Drückt man auf die Rechentaste 5, so schwingt der Zahnbogen um fünf Wegeinheiten nach oben. Entsprechend dreht sich auch das mit dem Zahnbogen in Eingriff stehende, festgelagerte Antriebszahnrad *A* um fünf Zähne weiter. Bei seinem Rückgange schwingt der Zahnbogen seitwärts aus und geht außer Eingriff mit dem Rade *A* leer zurück.

Da sich nun der Papierwagen samt der Schiene *Sch* und dem Zählwerk beim Anschlag jeder Rechentaste ebenso wie beim Schreiben von Buchstaben immer um eine Ziffernbreite schrittweise nach links weiterschiebt, kommen die nebeneinander auf ihrer Welle gelagerten Zahnräder R_1 des Zählwerks nacheinander mit dem Antriebzahnrade *A* in Eingriff. Sie nehmen nacheinander die dem Zahnrade *A* durch die Rechentasten zugeführte Bewegung auf und leiten sie an die Resultatrollen R_2 weiter, deren Zahlen durch die Schauöffnungen des Gehäuses abzulesen sind.

Nehmen wir beispielsweise an, es sei die Zahl 125 zu addieren. Man drückt zunächst auf die Tabulatortaste 100. Der Papierwagen springt, wie bei Schreibmaschinen üblich, so weit seitlich, daß die Hunderterspalte über die Druckstelle zu stehen kommt. Wenn man dann die Rechentaste 1 anschlägt, so wird die Zahl 1 in der richtigen Spalte auf das Papier gedruckt. Zugleich mit dem Papierwagen ist aber auch das Zählwerk seitlich so verschoben worden, daß die der Hunderterstelle zugehörigen Zählwerkräder R_1 und R_2 über das feststehende Antriebzahnrad zu stehen kommen. Somit wird beim Anschlag der Rechentaste 1 die Hunderterzahlenrolle R_2 um eine Zahl weitergeschaltet. Der Papierwagen rückt nun selbsttätig um eine Stelle nach links. Statt der Hunderterräder gelangen die Zehnerräder über das Antriebrad. Wenn man nun die Rechentaste 2 anschlägt, so wird die 2 in der Zehnerspalte addiert und geschrieben. Entsprechend wird die 5 nach abermaliger Seitwärtsbewegung in der Einerspalte addiert und geschrieben. Man schiebt nun den Papierwagen zurück und beginnt die Addition des zweiten Postens.

Will man die Zahlen subtrahieren, so hat man nur auf einen links vom Antriebrade *A* liegenden Umschalthebel zu drücken. Dadurch wird ein zwischen dem Antriebzahnbogen *B* und dem Zahnrade *A* angeordnetes (nicht dargestelltes) Wendegetriebe umgeschaltet. Die Zahlenräder bewegen sich dann umgekehrt wie vorher, also in subtraktivem Sinne statt im additiven.

Am Schlusse der Addition ist in den Schauöffnungen das Resultat abzulesen. Man schaltet dann den Umschalthebel auf Subtraktion und tippt (nach Seitwärtsverschiebung des Zählwerks auf die erste Dezimalstelle des Resultates) auf die den Zahlen des Resultates entsprechenden Rechentasten. Das Resultat wird also auf dem Papier gedruckt, zugleich aber werden die getippten Zahlen im Zählwerk subtrahiert. Die einzelnen Zahlenrollen springen also nacheinander auf Null. Ist das ganze Resultat getippt, so müssen alle Zahlenrollen auf Null stehen, wodurch eine wirksame Kontrolle für die richtige Niederschrift des Resultates gegeben ist.

Will man Ziffern schreiben, die nicht addiert werden sollen, so benutzt man die Ziffernschreibtasten, die nicht mit dem Rechenwerk in Verbindung stehen und nur die Typenhebel beeinflussen. Wenn man in zwei oder mehr Kolumnen oder Zonen schreiben will, wie bei der beispielsweise oben angegebenen Bilanz, so verwendet man in der Regel zwei Zählwerke, die nebeneinander auf die Schiene aufgesetzt werden, wie dies Abb. 40 erkennen läßt. Die Kreditposten werden dann in dem einen Zählwerk addiert, die Debetposten im anderen.

Die in Abb. 40 dargestellte Urania-Vega arbeitet ähnlich. Die Maschine besitzt eine Reihe von Einrichtungen, die für das richtige Rechnen erforderlich sind; so z. B. Sperrungen, die das Überschleudern verhüten; ferner Umkehrsperrungen, die den Rechner dazu nötigen, die Rechentasten stets vollständig herabzudrücken, da ja, wie schon auf S. 40 ausgeführt, bei unvollkommenem Niederdrücken ein falsches Resultat entsteht. Wertvoll ist ferner eine Einrichtung, die es verhindert, daß die zu addierenden Zahlen in eine falsche Dezimalstelle eingeführt werden.

Die Moon-Hopkins-Maschine (Abb. 42). Während die bisher üblichen Schreibrechenmaschinen nur addieren und subtrahieren, führt diese neuerdings in den Verkehr gebrachte Maschine auch Multiplikationen aus. Sie ist in erster Linie für das Ausschreiben und gleichzeitige Ausrechnen von kaufmännischen Rechnungen bestimmt. Sie schreibt den Text, rechnet die Preise (die Produkte aus Stückzahl und Einzelpreis) selbst aus, druckt und addiert die Preise und zieht am Schlusse die Gesamtsumme. Sie ist aber ebensogut als gewöhnliche Addiermaschine oder als Multipliziermaschine zu verwenden und führt auch aus Addition und Multiplikation gemischte Rechnungen aller Art aus. Die Maschine, die bei ihrem Erscheinen mit Recht Aufsehen erregt hat, bedeutet also einen erheblichen Schritt vorwärts zur vollkommen selbsttätigen Maschine.

Abb. 42. Moon-Hopkins-Maschine der Firma Glogowski & Co. in Berlin.

Die Arbeitsweise kann hier nur in großen Zügen angegeben werden (ausführlichere Angaben finden sich in der deutschen Patschr. 222 166). Die Maschine ist als Verbindung einer Zehntastenaddiermaschine mit Stiftenschlitten, ähnlich der früher beschriebenen Astra (S. 57), und einer Multipliziervorrichtung mit Einmaleinskörpern, ähnlich derjenigen der früher beschriebenen Millionär (S. 91), anzusehen. Bei der Addition arbeitet sie ähnlich wie die in Abb. 23 und 24 schematisch dargestellte Maschine, d. h. die Tasten werden in der natürlichen Reihenfolge der Ziffern von links nach rechts getippt und übertragen den Posten auf den Stiftenschlitten, worauf sich Antriebzahnstangen vorbewegen, den eingestellten Posten vom Stiftenschlitten abgreifen und auf das Zählwerk übertragen. Die Antriebzahnstangen tragen an der Oberseite Drucktypen, die von unten gegen die Papierwalze schlagen und den Posten abdrucken.

Die Multiplikation wird durch Einmaleinsplatten bewirkt, welche denen der Abb. 39 ähneln. Es sind aber für jede der neun Zahlen von 1 bis 9 zwei Einmaleinsplatten vorgesehen, und zwar eine für die Einer und die andere für die Zehner der Teilprodukte. Die Einerplatte für die Zahl 6 trägt also entsprechend den Einern der Teilprodukte 6, 12, 18, 24 usw. Abstufungen von der Höhe 6, 2, 8, 4 usw., die zugehörige Zehnerplatte Abstufungen von der Höhe 0, 1, 1, 2 usw. Soll nun beispielsweise eine Multiplikation 24 × 6 ausgeführt werden, so werden, nachdem man eine besondere Multiplikationstaste niedergedrückt hat, wie bei der Addition die Tasten 2 und 4 angeschlagen. Dadurch werden wieder die Stifte 2 und 4 auf dem Stiftenschlitten nach oben herausgedrückt und die Zahnstangen bewegen sich nach vorn bis zum Anschlagen an die herausgedrückten Stifte. Da aber vorher die Multiplikationstaste angeschlagen war, arbeiten die Zahnstangen jetzt nicht, wie bei der Addition, auf das Zählwerk, sondern werden mit besonderen Multiplikandenstellschiebern gekuppelt und verschieben diese, ähnlich, wie bei der Millionär Multiplikandenstellrädchen auf ihren Vierkantachsen seitlich verschoben werden. Diese Stellschieber werden also über den Abstufungen der Einmaleinsplatten auf die den Teilprodukten für die Zahlen 2 und 4 entsprechenden Abstufungen verschoben. Wenn nun die Multiplikatortaste für die Zahl 6 angeschlagen wird, so heben sich die beiden Einmaleinsplatten für die Zahl 6, und zwar zunächst die Zehnerplatte und dann die Einerplatte. Von den Teilprodukten dieser beiden Platten werden aber durch die darüber eingestellten beiden Stellschieber nur diejenigen für die Zahlen 2 und 4 ausgewählt, also die beiden Teilprodukte 2 × 6 = 12 und 4 × 6 = 24. Diese beiden Teilprodukte werden jetzt von den Antriebzahnstangen aufgegriffen und auf ein zweites, für die Produkte bestimmtes Zählwerk übertragen. Die Übertragung erfolgt in zwei Arbeitsgängen: zunächst für die Zehner und nach einer darauf erfolgenden Seitenverschiebung des Produktenzählwerkes um eine Stelle für die Einer. Vom Produktenzählwerk kann dann in einem abermaligen Arbeitsgang das Produkt mittels der Antriebzahnstangen abgegriffen und mittels der an den Antriebzahnstangen vorgesehenen Typen abgedruckt werden.

Für das Schreiben der Buchstaben und nicht in die Rechnung einzuführenden Zahlen befindet sich hinter den vornliegenden zehn Multiplikanden- und zehn Multiplikatortasten eine Schreibmaschinentastatur gewöhnlicher Art, deren Typenhebel von unten gegen die Druckstelle schlagen. Die Maschine wird von der Firma Glogowski & Co. in Berlin vertrieben.

DAS BESTE BAND FÜR SCHREIB-
UND RECHENMASCHINEN

GÜNTHER WAGNER ★ HANNOVER UND WIEN

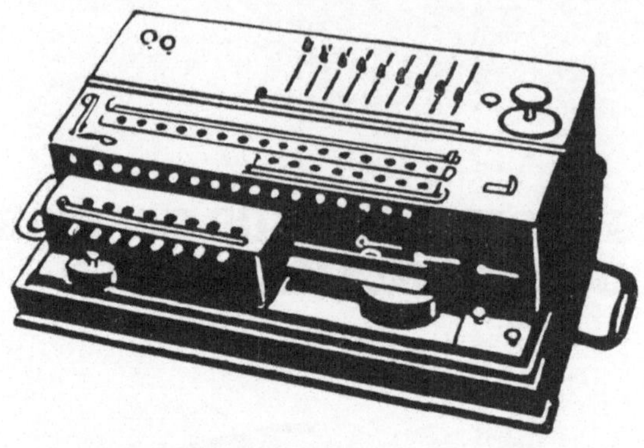

MERCEDES EUKLID

RECHENMASCHINE

addiert – subtrahiert

multipliziert – dividiert

Arbeitsweise der elektrischen Mercedes-Euklid

Der Rechner stellt lediglich die Aufgabe ein und liest das Ergebnis ab; die Ausrechnung erfolgt völlig automatisch durch die Maschine selbst

Keine Kurbelumdrehungen

Kein Wagenverlegen :: ::

Kein Mitrechnen :: :: ::

Mercedes-Büromaschinen-Werke

Berlin-Charlottenburg 2

Berliner Str. 153

Schreibende
Schnelladdier= und Subtrahiermaschine
Astra

Die Maschine für
jeden Gebrauch!

Universal-
Tasten-Rechenmaschine
Rekord

1247198
4 8
0 942 1
5 14 1 81 932
7 0 2 6 5 5 7 3 4
9 7 3
5 1 8

Deutsche RoNEo Ges. m.b.H.
Berlin, SW 68 Kochstraße 32

Deutsche RoNEo Ges. m.b.H.
BERLIN SW 68, KOCHSTR. 32 TEL: AMT: DÖNHOFF
1900 1901

Hersteller: **ARCHIMEDES**

Glashütter Rechenmaschinen-Fabrik

REINHOLD PÖTHIG, GLASHÜTTE i. Sa.

Weltvertrieb: HANS SABIELNY, DRESDEN-Ng. 24

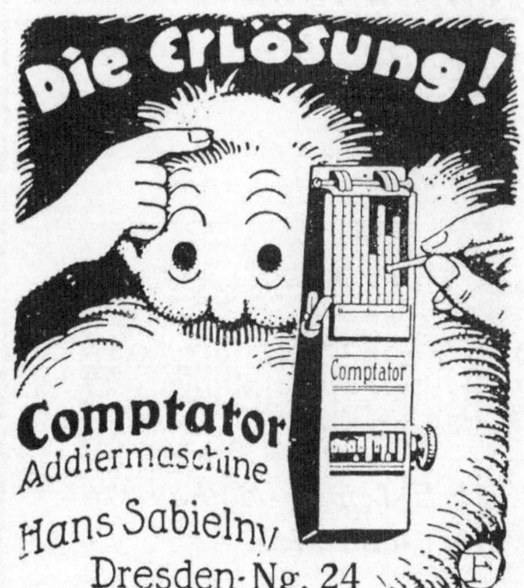

*Verlangen Sie kostenlos
ausführliche Druckschriften*

Die kleinste sichtbar schreibende
Addier-u.Subtrahier-Maschine

*

Gewicht nur
2,3 kg

*

*

Ganze Breite
nur 7 cm

Ganze Länge
nur 31 cm

*

RUTHARDT & Co., G. m. b. H., STUTTGART

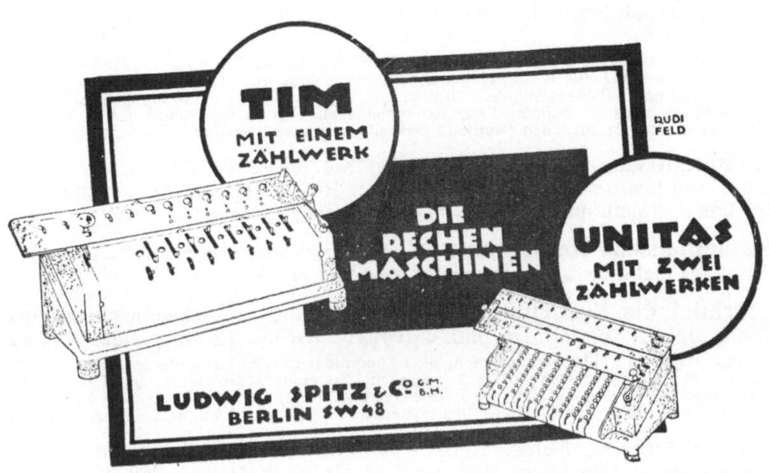

Verlangen Sie Katalog Nr. 171

Fabriken Fortschritt, Freiburg i/B

Die als freibleibend anzusehenden Preise sind Goldmarkpreise

Handelswörterbuch. Von Handelsschuldirektor V. Sittel u. Justizrat Dr. M. Strauß. Zugleich fünfsprachiges Wörterbuch. Zusammengestellt von V. Armhaus, verpfl. Dolmetscher (Teubners kleine Fachwörterbücher Bd. 9.) Geb. M. 4.60

Wörterbuch der Warenkunde. Von Prof. Dr. M. Pietsch. (Teubn. kleine Fachwörterbücher Band 3.) Geb. M. 4.60

Chemisches Wörterbuch. Von Prof. Dr. H. Remy. (Teubners kleine Fachwörterbücher Bd. 10 u. 11.) Geb. M. 8.60, auf holzfreiem Papier in Halbleinen M. 10.60

VERLAG VON B. G. TEUBNER IN LEIPZIG UND BERLIN

Die Schreibmaschine und das Maschinenschreiben. Von Fortbild-bildungsschuldirigent H. Scholz. Mit 39 Textfiguren. (ANuG Bd. 694.) Geb. M. 1.60

Der Band erfüllt ein dringendes Bedürfnis nach einer praktischen Anleitung für die richtige Auswahl, Verwertung und Behandlung der Schreibmaschine und für die auf größtmöglichste „Leichtigkeit und Leistungsfähigkeit" hinzielende Übung im Maschinenschreiben, unter Berücksichtigung auch der äußeren Form der verschiedenen Arten von Schriftstücken, wie der Verwendung der verschiedenen Fabrikate (Schreibrechenmaschinen) und des Vervielfältigens.

Mathematische Instrumente. Von Studienrat W. Zabel. I. Hilfsmittel und Instrumente zum Rechnen. II. Hilfsmittel und Instrumente zum Zeichnen. (Math.-phys. Bibl.) [U. d. Pr. 1924.] Kart. je M. —.80

Mathematische Instrumente. V. Geh. Regierungsrat Prof. Dr. A. Galle. (Sammlg. math.-phys. Lehrbücher Bd. 15.) Kart. M. 4.40

Lehrbuch der Rechenvorteile. Schnellrechnen u. Rechenkunst m. zahlr. Übungsbeisp. Von Ing. Dr. phil. J. Bojko. (ANuG Bd. 739.) Geb. M. 1.60

Das Bändchen will besonders denen, die im beruflichen Leben viel Rechenarbeit zu leisten haben, eine Anleitung zum Schnellrechnen geben. Sie erstreckt sich nicht nur auf die Grundrechnungsarten, sondern auch auf das Potenzieren und Wurzelziehen, erleichtert die Aneignung durch zahlreiche Übungsbeispiele unter besonderer Berücksichtigung d. praktischen Anwendungen.

Abgekürzte Rechnung. Nebst einer Einführung in die Rechnung mit Logarithmen. Von Oberstudienrat Prof. Dr. A. Witting. Mit 4 Figuren und zahlreichen Aufgaben. (Math.-phys. Bibl. Bd. 47.) Kart. M. —.80

Praktische Mathematik. Von Prof. Dr. R. Neuendorff. I. Teil: Graphisches und numerisches Rechnen, kaufmänn. Rechnen im tägl. Leben. Wahrscheinlichkeitsrechnung. 3. Aufl. Mit 29 Fig. i. Text und auf 1 Taf. (ANuG Bd. 341.) II. Teil: Geometrisches Zeichnen. Projektionslehre. Flächenmessung. Körpermessung. Mit 133 Figuren. (ANuG Bd. 526.) Geb. je M. 1.60

Kaufmännisches Rechnen zum Selbstunterricht. Von Studienrat K. Dröll. (ANuG Bd. 515.) Geb. M. 1.60

Will jedem auf Grund der auf der Volks- oder höheren Schule erworbenen allgemeinen Kenntnisse ermöglichen, sich das dem Kaufmann notwendige Rechnen ohne Lehrer anzueignen. Die Kontrolle der Rechenaufgaben wird durch den beigefügten Schlüssel ermöglicht.

Das Ganze der kaufm. Arithmetik. Von Feller u. Odermann. Neubearb. von Geh. Hofrat Prof. Dr. A. Adler und Prof. Dr. Br. Kämpfe. I. Teil. 24. Aufl. [U. d. Pr. 1924.] II. Teil. 21. Aufl. Geb. M. 3.40. Auflösungen zu Teil I [Neudruck u. d. Pr. 1924], zu Teil II geh. M. —.50

„Ein Buch, das sich über fast zwei Menschenalter hinaus als ein ausgezeichnetes Lehrmittel seit dem Schul- und Hochschulbetrieb erwiesen hat, bedarf keiner besonderen Empfehlung." **(Deutsche Handelsschullehrer-Zeitung.)**

Finanz-Mathematik. (Zinseszinsen-, Anleihe- und Kursrechnung.) Von Dr. Karl Herold. (Math.-phys. Bibl. Bd. 56.) Kart. M. —.80

Mathematik des Geld- und Zahlungsverkehrs. Von Prof. Dr. A. Loewy. Geh. M. 6.20, geb. M. 7.20

Das Werk bietet, ohne höhere mathematische Kenntnisse vorauszusetzen, Belehrung über die finanziellen Berechnungen, die beim Geldverkehr in der Haus- und Volkswirtschaft von Bedeutung sind, z. B. Zins und Diskont, Kontokorrent, Kauf von Wechseln und Wertpapieren, Arbitrage, Amortisationshypotheken, Erbbaurecht, Abschreibungen, tilgbare Anleihen usw.

Verlag von B. G. Teubner in Leipzig und Berlin

Allgemeine Volkswirtschaftslehre. Von Geh. Oberreg.-Rat Prof. Dr. W. Lexis. (Kult. d. Gegenw., hrsg. von Prof. P. Hinneberg. II, 10, 1.) 2. Aufl. M. 11.—, geb. M. 14.—

„Ein geistvolles Werk, in dem der Verf. seine durch langjährige vielseitige, tiefgründige Studien ausgereifte Stellung zur Volkswirtschaftslehre in glänzender Weise niedergelegt hat.“
(Literarisches Zentralblatt für Deutschland.)

Allgemeine Volkswirtschaftslehre. Von Prof. Dr. R. Liefmann. Kart. M. 2.20

Diese für weitere Kreise bestimmte Darstellung führt in möglichst vereinfachter Darstellung in den Mittelpunkt der heutigen Wirtschaftsordnung, den Tauschverkehr, den Geld-, Preis- und Einkommensmechanismus. Den Abschluß bildet ein Überblick über die Entwicklung und Aufgaben der Wirtschaftswissenschaft, sowie ein kleines Aufgabenrepetitorium.

Einleitung in die Volkswirtschaftslehre. Geschichte, Theorie und Politik. Von Prof. Dr. A. Sartorius Frhr. v. Waltershausen. Geh. M. 3.40, geb. M. 4.80

Das Buch will dem Bedürfnisse einer Einführung für den im praktischen, wirtschaftlichen oder politischen Leben Stehenden in die Kenntnis der volkswirtschaftlichen Zusammenhänge entgegenkommen, über den Stand der Wissenschaft orientieren und die Grundlagen und Probleme beleuchten.

Grundzüge der Volkswirtschaftslehre. Von Prof. W. Gelesnoff. Nach einer vom Verf. für die deutsche Ausgabe vorgenommenen Neubearb. des russ. Originals übers. von Dr. E. Altschul. 2. Aufl. [U. d. Pr. 1924.]

Das Werk, mehr ein Lese- als Lehrbuch darstellend, will mit den wichtigsten Problemen der Nationalökonomie und ihren Lösungen vertraut machen, zu einer selbständigen Stellungnahme ihnen gegenüber anleiten und zum nationalökonomischen Denken erziehen.

Deutsche Handelspolitik. Ihre Geschichte, Ziele und Mittel. Eine Einführung von Prof. Dr. Th. Plaut. Geh. ca. M. 4.—, geb. ca. M. 5.50

Das Buch will in die Elemente und gegenwärtig aktuellen Fragen der Handelspolitik in einer auch dem Laien zugänglichen Form einführen. Nach einer kurzen historischen Grundlegung werden vor allem die Probleme der Kriegs- und Nachkriegszeit behandelt, so die Wirkung des Vertrags von Versailles, die Frage des Dumping, des Währungsverfalls in der Handelspolitik. Aber auch die Bedeutung der neuesten Tatbestände, der französischen Wahlen vom 11. Mai, des Dawes- und des Mackennaberichtes wird, soweit das heute schon möglich ist, kurz erläutert.

Die Grundlagen der Weltwirtschaft. Eine Einführung in das internationale Wirtschaftsleben. Von Prof. Dr. H. Levy. Geh. ca. M. 3.—, geb. ca. M. 4.50

Ein Wegweiser in die Zukunft der Weltwirtschaft, der ihre Struktur klarzulegen versucht, der die Stufungen der Volkswirtschaften, ihren Aufbau als Rohstoff- und Nahrungsmittelerzeuger, als Fabrikatland, Handels- und Schiffahrtsmacht zeigt, der die einzelnen weltwirtschaftlich wichtigen Produktionszweige, ihre Bedeutung und Zukunftsaussichten erörtert und den Einfluß der Wirtschaftspolitik der einzelnen Länder auf die Entwicklung der Weltwirtschaft behandelt.

Die englische Wirtschaft. Von Prof. Dr. H. Levy. Geh. M. 1.80, geb. M. 2.50

Die Vereinigten Staaten von Amerika als Wirtschaftsmacht. Von Prof. Dr. H. Levy. Kart. M. 3.—

Ein Panorama des wirtschaftlichen Amerikas wird hier aufgerollt. Nicht nur allgemeine Feststellungen und Darlegungen werden geboten, sondern auch die zahlreichen Einzelprobleme erörtert. Das in der Wirtschaftsentwicklung Erreichte wird auf seine bleibende Bedeutung hin geprüft und auch den Schattenseiten der oft treibhausähnlichen Entwicklung Rechnung getragen.

Allgemeine Wirtschafts- und Verkehrsgeographie. Von Prof. Dr. K. Sapper. [Erscheint Herbst 1924.]

In dem Handbuch werden Produktion, Handel und Verkehr über die ganze Erde hin verfolgt, schließlich aber im Interesse größerer praktischer Verwendbarkeit des Buches in einem Anhang noch eine kurze Charakteristik der geographischen, wirtschaftlichen und Handelsverhältnisse der Einzelländer, Kulturreiche und Kontinente gegeben.

Kurzgefaßte Wirtschaftsgeographie. Von Prof. K. von der Aa. Mit 69 Skizzen. Kart. M. 1.20

Eine durch Beigabe zahlreicher Kartenskizzen, Diagramme usw. außerordentlich anschaulich gestaltete Darstellung der Grundlagen der deutschen Volks- wie der Weltwirtschaft in knappster Form, darum für die Orientierung der im Wirtschaftsleben Stehenden ganz besonders geeignet.

Verlag von B. G. Teubner in Leipzig und Berlin